木の文化と科学

伊東隆夫 編

海青社

カヤの巨木
（京都市、天寧寺）
仏像用材としてあるいは碁盤や将棋盤の用材として知られる。

クスノキの巨木
（京都市、青蓮院）
仏像用材その他の木製品に利用される。

木曽ヒノキの純林
（長野県、木曽谷）
古来尾州桧と別称され、最高のヒノキ材として建築材をはじめ多くの用途に用いられてきた。

北山杉（京都市）
京都市北区中川を中心とする地域で生産される磨き丸太は、古来茶室や数奇屋などに賞用されてきた。

四条古墳（奈良県）。古墳の周囲に並べられたり、葬送儀礼用として大量の木製品が発掘された

弥生中期から後期の刳物容器（鳥取県埋蔵文化財センター提供）。鳥取県青谷上寺地遺跡出土

製作途上のケヤキ椀。荒型取り材（左）と荒挽き後の乾燥（右）（福井県、山中漆器）

轆轤細工の千年杉茶器・神代栗茶杓（京指物伝統工芸士、綾部 之氏製作）

丈六不動三尊像　不動明王坐像（中央 285.8 cm）制吒迦《せいたか》童子像（230.4 cm）矜羯羅《こんがら》童子像（193.2 cm）（東京都日野市、金剛寺（別称高幡不動尊）提供）

仏師（江里康慧氏）の作業風景

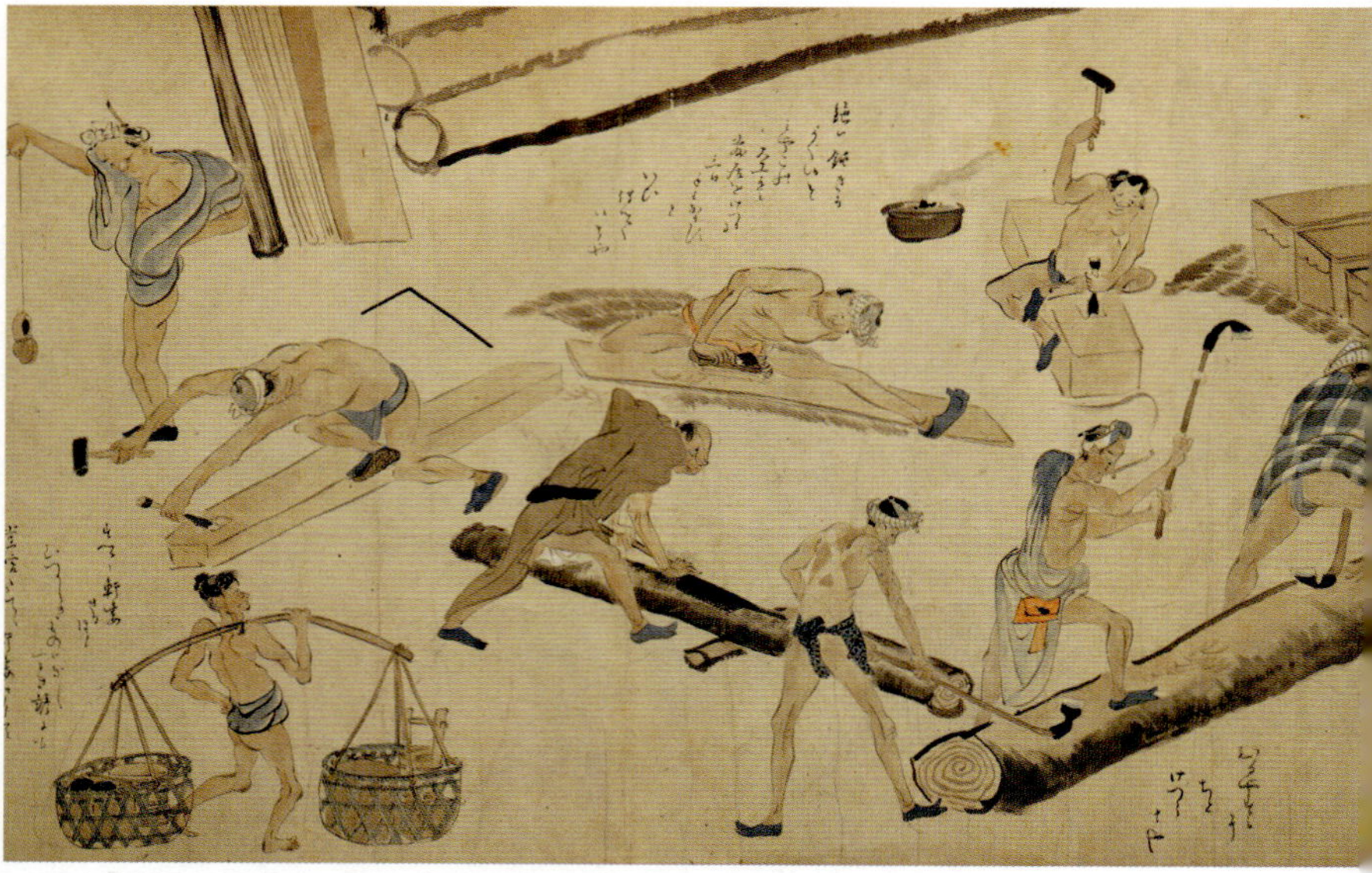

歴史資料に観る原木の加工（『近世職人尽絵詞_上巻（部分）』鍬形恵斎 作。文化 2 年（1805 年）
東京国立博物館所蔵 Image:TNM Archives Source:http://TnmArchives.jp）

寺院建築用に加工されたヒノキの白木材（奈良県、宮大工小川三夫氏工房）

歴史資料に観る寺院建築工程(『松崎天神縁起絵巻』応長元年(1311 年)山口県防府天満宮蔵)

日光東照宮陽明門(窪寺　茂氏撮影)

はじめに

　わたしたちは「木の文化」という言葉をよく耳にします。ほとんどの日本人はわが国が「木の文化」の国だという認識をもっていると思います。それは、第一に多くの日本人が木でできた家に住み、古来より木造の寺院などの歴史的建造物が保存・継承されてきていること、第二に国土の七十パーセントが森林に囲まれている環境であることによります。それだけでしょうか。「木の文化」を科学してもっと深く知りたいものです。そんな理由から、京都大学生存圏研究所で一般市民の方々を対象に「木の文化と科学」という表題のシンポジウムを連続して開催してまいりました。本書はその第一回のシンポジウムで講演いただいた内容を基に貴重な原稿をお願いいして編纂しました。従いまして、後日文章を完全に書きあらためた方を除き、話し言葉をふんだんにとり入れて筆者の講演当時の表現法が感じられるように配慮いたしました。

　全体で四部の構成になっています。第一部では、京都大学で長年木質科学研究、中でも木材の組織構造の特徴から樹種を同定する研究に携わってきた編者が、その専門の立場から「木の文化」の研究の対象になる事項について概説すると同時に、木の文化を科学することの重要性について述べました。次に、わたしたちの先人たちが日常の生活の中で木に肌で接し、木の性質を知り、どのように有効に木を利用してきたかを知らなければなりません。そのためには遺跡から出土する無数の木製品のことを学ばなければなりません。そこで、第二部では「遺跡と木製品」について長年調査・研究されてきた先生方に話題を提供し

ていただきました。一方、わが国の文化は仏教と深いかかわりを持ってきました。仏教において信仰の対象とされたのが仏像です。中国やインドでは石像や金銅像が多いのですが、わが国の仏像は八割から九割が木彫像だと言われています。そこで、第三部では「仏像の木」について論じていただきました。とくに、木彫像について研究されてきた最近の研究成果や造像技法を中心に寄稿いただきました。第四部の「古建築の木」では、歴史的建造物そして古建築材の調査・研究でどのようなことがわかるのかについて、最近の研究例についてご紹介いただきました。

本書では、木の文化に関連するテーマについて第一線で活躍されている自然科学および人文科学両分野の研究者の方々にご寄稿いただきましたが、本書のもう一つの特長は、「遺跡と木製品」、「仏像の木」、「古建築の木」、それぞれの部で日頃から木に馴染み、木に肌で接し、木の性質を知り尽くしている伝統工芸士さん、仏師さん、宮大工さんにもご寄稿いただいたことにあります。

本書では前述のように、遺跡、仏像彫刻、古建築といった「木の文化」に関わる三つの主要なテーマについて最近の話題を含めて網羅的に議論を展開していただきました。基より、木の文化についての研究は、自然科学や社会科学のさまざまな研究分野の人たちの協力により、総合的な研究がおこなわれてはじめて成り立ちます。この機会に、「木の文化」について考え、「木の文化」をより深く理解し、「木の文化」を科学することの大切さを知っていただければ本書を編纂したものとして大変うれしく思います。

京都大学名誉教授
伊 東 隆 夫

木の文化と科学——目次

第3部　仏像の木

第４部　古建築の木

第1部　木の文化

ブナ(秋田県・白神山地)

第1章　木の文化と科学

伊東隆夫 氏　プロフィール

京都大学名誉教授(元京都大学生存圏研究所教授)。

南京林業大学(中国) 特別招聘教授。

樹種を同定するという立場から、遺跡出土木材、仏像彫刻、古建築材などの木質文化財を対象に、木の文化に関する研究を進めて来ました。現在、中国の大学で特別招聘教授として木の文化に関する講義や共同研究をおこなう一方で、中国産木材の主要なプレパラートを準備しつつ、中国における木の文化の研究を進めています。主要著書には、『日本の遺跡出土木製品総覧』(雄山閣、1988)、『広葉樹材の識別』(海青社、1998)、『針葉樹材の識別』(海青社、2006)などがあります。

木の文化

わが国は「木の文化」、西洋は「石の文化」という表現を耳にしますが、西洋にはこのような言葉は根付いていないようです。「木の文化」はわが国特有の表現法でありかつわが国特有の文化なのです。

そもそも「文化」とは何を意味するのでしょうか。広辞苑を紐解きますと、三つの意味が記されています。一つ目は、「世の中が進歩し文明になること、ひらけること、文明開化」です。二つ目は「文徳で民を教え導くこと」です。三つ目は、「人間が学習によって社会から習得した生活の仕方の総称。衣食住を初め技術・学問・芸術・道徳・宗教など物心両面にわたる生活形成の様式と内容とを含む」です。

ここで言います「文化」は言うまでもなく、三つ目の意味であって、これを「木の文化」にあてはめますと、〝人間が学習によって、野外に生育する樹木から学んだことを生活の中に如何に取り込み、利用・習得してきたかという樹木に関わる生活の仕方の総称であり、衣食住のうち、とりわけ住に関わり、単に技術的な問題だけでなく、学問・芸術・宗教などを通して、物心両面にわたり、樹木から学び、形成されてきた生活の様式と内容を含む〟ことになります。このように考えますと木の文化の研究は深くて幅の広いことがお分かりいただけるでしょう。この木の文化を深く探求する学問、これを筆者は〝木の文化を科学する〟と呼んでいます。

わが国は古来より、寺院建築の創建や仏像彫刻の制作が日常化していた上に、国土の七割が森林であるという背景の中で、木の文化が発達してきたという認識が定着しています。しかし、木の文化が栄えたと

言うからには、先人達の日常の生活の中でどれほど多くの木製品が如何に多様な用途に利用されてきたのかを知る必要があります。したがって、遺跡出土木材の調査ならびに研究は欠かせません。言うまでもなく木でできた文化財の調査は欠かせません。木でできた文化財には一体どのようなものが含まれるのでしょう。一般に、文化財とは文化財保護法で保護の対象として取り上げられた、無形文化財、有形文化財、民俗資料、史跡名勝天然記念物の四種が対象となります。筆者が直接関わりを持ったものを中心にこれまでに多くの人によって研究されてきた木質の文化財の中から興味深くかつ重要と考えられるものを選び出しますと、仏像彫刻、木造寺院建造物、その他に正倉院に保管されている木質の宝物、国指定埋没林のような天然記念物などがあります。そこで、遺跡の木に始まり、仏像の木、古建築の木、正倉院の木、埋没林の木、という順に文化財に用いられている木の種類を一緒にみていきましょう。

樹種の同定

木の文化を科学するには、木の種類を知ることが重要です。遺跡出土木材や木質文化財について樹種を特定するには、顕微鏡による樹種同定をおこなう必要があります。樹木遺体のうち長年月残存して、樹種の同定に役立つのは木部(木材)だけでなく葉、種子、花粉を用いても立派に種が特定できます。それぞれ一長一短があるのですが、いずれの場合も樹種の同定には専門的知識を必要とします。また、標準となる実物標本および顕微鏡標本(プレパラート)を備えておくことも大事となります(図1)。木材を対象とする場合、木材片あるいは木製品の一部から安全カミソリで薄い切片を切り出し、スライドガラスの上に載せ封

図１　標準となる顕微鏡標本（プレパラート）（著者撮影）
右の２枚のうち、上は無染色標本、下はサフラニンによる染色標本。

入剤を滴下し、カバーガラスを被せてプレパラートを作製します。これを顕微鏡で観察し、木材の有する様々な構造的特徴を調べて樹種を同定します。植物の分類基準は科、属、種と細分されていますが、木材であろうが花粉であろうが光学顕微鏡では基本的には属レベルまでしか同定できません。しかし、ある限られた樹種では他の樹種ではみられない際だった特徴を有するものが知られています。この場合に限り、種のレベルまでの同定が可能となります。

遺跡の木

日本書紀の巻一に木の有効な利用方法がわかる、以下のような内容の「神代の素戔嗚尊《すさのおのみこと》」の説話があります。[注1] 〝「韓郷《からくに》の嶋は是金《こがね》銀《しろがね》有り。若使《たとい》吾が兒の所御《しら》す國に、浮寶《うきたから》（舟）有らずは、未だ佳からじ」とのたまひて、乃ち鬚髯《ひげ》

を抜きて散《あか》つ。即ち杉に成る。又、胸の毛を抜き散つ。是、檜に成る。尻《かくれ》の毛は、是柀《まき》に成る。眉の毛は是櫲樟《くす》に成る。已にして其の用いるべきものを定む。及ち稱《ことあげ》して曰はく「杉及び櫲樟、此の両の樹は以て浮寶とすべし。檜は以て瑞宮《みずのみや》(宮殿)を為《つく》る材にすべし。披は以て顕見蒼生《うつくしきあおひとぐさ》の奥津棄戸《おきつすたへ》(墓所)に将《も》ち臥さむ具《そなえ》(棺材)にすべし。夫の　敢《くら》ふべき八十木種、皆能く播《ほどこ》し生う」とのたまふ〃です。ここに言う浮寶《うきたから》は舟、瑞宮《みずのみや》は宮殿、顕見蒼生《うつくしきあおひとぐさ》は人々、奥津棄戸《おきつすたへ》は墓地、具《そなえ》は木棺を意味します。すなわち、ヒノキは宮殿に、スギやクスノキは舟に、マキ(コウヤマキのこと)は棺に用いるのがよいと説明しています。筆者もこれらの真偽のほどを実際に調べましたが、ヒノキについては後述の「古建築の木」の項でもふれていますように平城宮その他寺院建造物に大量に用いられていました。また、スギやクスノキが丸木舟に多く用いられたことやコウヤマキが棺に頻繁に用いられたことも日本の遺跡出土木製品をデータベース化した作業により確認しています。[注2]

全国の都道府県および主要な都市には、遺跡発掘調査をおこなう埋蔵文化財調査専門のセンターなり事務所がほぼ例外なく設けられていて、日本全土では毎年膨大な量の発掘調査報告書が出版されています。その中で木質遺物の用材についての詳しい樹種同定データのみを対象にして、これらのデータをコンピュータに入力して整理した、いわゆる遺跡出土木材のデータベースを作成してきました。現在までに整理できたデータ数は以下の通りです。

レコード数：五万七千

木質遺物総数：二十二万三千点

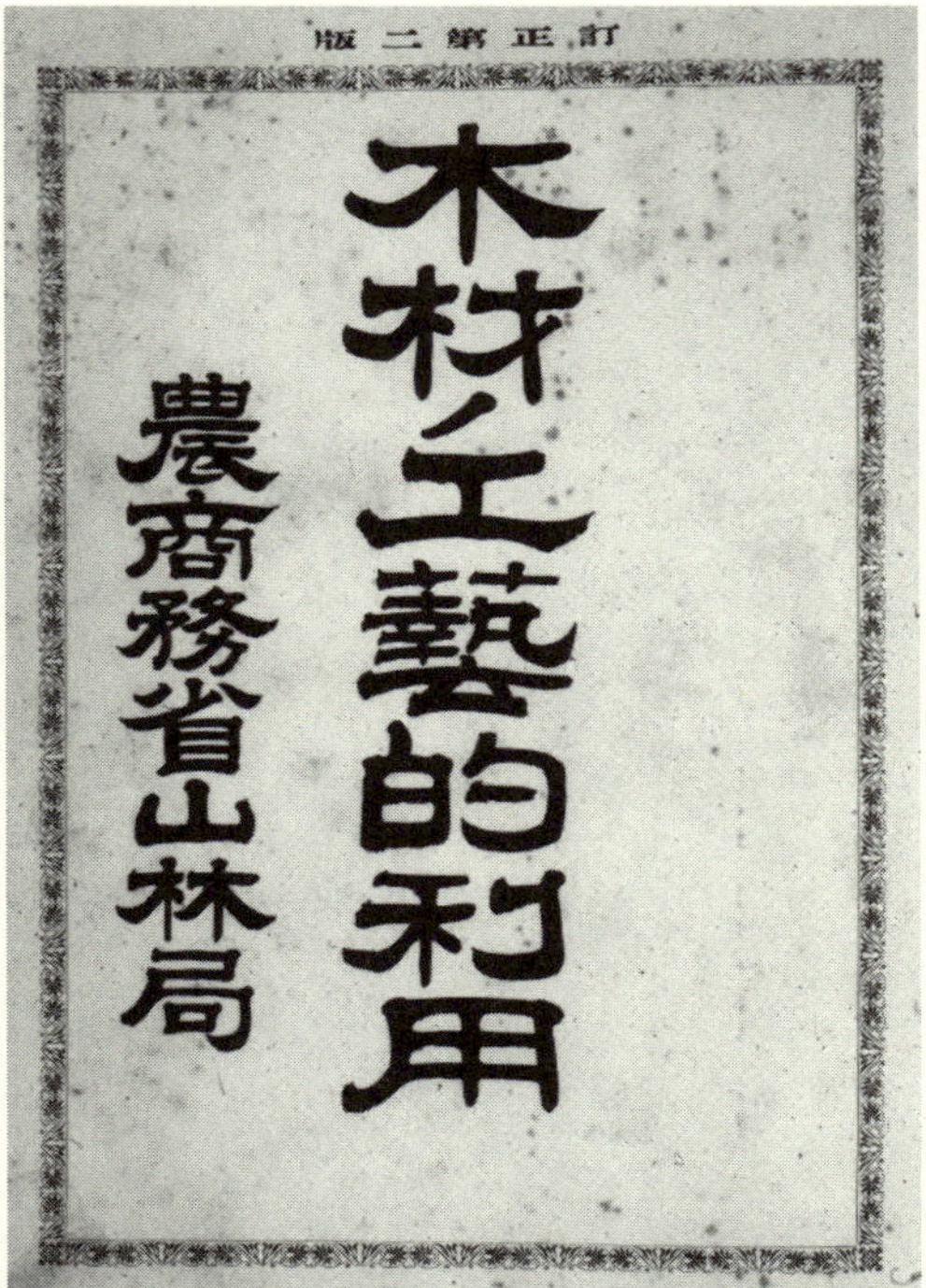

図２　明治時代出版の「木材の工藝的利用」の表紙

このデータによりますと、加工用の道具が未発達な縄文時代においても様様な木製品が製作されていますし、さらに加工用具の発達が進む弥生時代以降においては一層多くの木製品が発達してきたことがわかります。遺跡からは完形品が出土することはきわめてめずらしいこともありまして、何の目的ために作られた木製品かわからないものも多々あるのですが、以下に一例を示しますように、わが国の先人たちは古来より用途にかなった樹種を的確に選択してきていることや、樹種の意外な用途が明らかになったりすることがわかっています。

遺跡から出土する木製品の樹種と用途に関連して、「木材の工藝的利用」[注3]（図2）という書籍に言及しておきます。これは、明治時代における日本全国の木工所を網羅し、各地域での木材の用途、木取り、樹種の関係など木製品の製作に必要な情報について調べられた膨大な資料です。これに掲載されている木製品と

樹種との関係はおおまかには古代以降明治に至るまでの遺跡出土木製品と樹種との関係に相応するとみなされます。このことは、古代の人々が培ってきた適材適所の木材利用という知恵が明治に至るまで連綿として受け継がれてきたことを示すものなのです。過去に発掘された遺跡総数は無数にありますので、これまでに樹種と用途について調べられた遺跡はほとんど取るに足らない数です。各地域では木材に関する多くの調査データが蓄積していますが、それでも、各地域に分布する遺跡の数と比べれば微々たる量です。そのような遺跡出土木製品のデータベースに基づいて大雑把な樹種と用途の傾向を以下に記します。

柱：ヒノキ、モミ、コウヤマキ、カヤ、イヌマキ、ケヤキなど
舟：スギ、カヤ、二葉マツ、クスノキ、クリなど
棺（図3）：コウヤマキ、ヒノキ、スギなど
弓：カヤ、イヌガヤ、イヌマキ、イチイ、ケヤキ、ヤマグワなど
農具：カシ、クヌギ節など
容器：ヒノキ、スギ、ケヤキ、クスノキ、ヤマグワ、クリ、トチノキなど
櫛：イスノキ、ツゲなど
祭祀具：ヒノキ、スギ、コウヤマキ、ツゲ、シイノキなど
紡織具：ヒノキ、スギ、カシ類など
発火具：スギ、ヒノキ、シャシャンボ、タブノキ、ウツギなど

以上にみられますように、全般的に用途に応じた木の使い分けがみてとれます。樹種の同定作業により、

図3　玉津田中遺跡出土の木棺（兵庫県埋蔵文化財調査事務所提供）

ときには古代の文物の交流が読みとれる例もあります。百済の王都であった扶餘《ぶよ》は、現在の韓国の忠清南道に位置しますが、そこの陵山里の百済王陵から漆塗りの木棺が発見され、筆者の所属していた京都大学生存圏研究所（往時は木材研究所と呼ばれました）の先代の尾中文彦先生がコウヤマキと同定されました。同先生は、その結果に基づき、往時の雑誌「木材保存」に「カウヤマキは周知の如く本邦産の樹種であって、当然此の棺材は本朝より送られたるものと見なければならない」（原文どおり）と述べておられます。[注4] これは、コウヤマキが、わが国にしか生育していない（図4）というきわめて特異な性質を有しているために、用材の交流経路が推測できた例なのです。

仏像の木

仏像彫刻に用いられる樹種に関しては、小原二郎

図 4　コウヤマキ（高野山学術参考林；著者撮影）

氏の調査が先導的なものとして高く評価されます。調査量と言い、その結果から推定された内容と言い、大変貴重で興味深いものです。[注5] 同氏は全国各地に点在する寺院で所蔵されている総数六百点余りの仏像の樹種の同定をおこない、時代ごとの仏像用材の利用傾向を推定しています。それによりますと、わが国の最初の仏像は飛鳥時代のものであり、芳香のあるクスノキが用いられていると記しています(図5)。これは、同時代の中国大陸で芳香のあるビャクダン(白檀)が仏像用材に使われたことに影響を受けたと説明されていますが、本書第三部の「仏像の木」ではこれとは異なった考えが述べられていて興味深い問題です。

わが国の木彫仏の最古の記録とされる日本書紀巻十九の欽明天皇十四年(五五三年)夏五月の記述で、「是の時に、溝邊直《いけへのあたひ》、海に入りて、果して樟木の海に浮びて玲瓏《てりかがや》くを見つ。遂に取りて天皇《すめらみこと》に献る。畫工《えたくみ》に命《みことのり》して、佛像二躯《ほとけのみかたふたはしら》を造らしめたまふ。今の吉野寺に、光を放ちます樟の像なり。」とあり、[注6] これは海外から初めて仏像が渡来した時期に相当します。この記述は元来わが国では仏像彫刻にクスノキを使ってきたことによって残された記録ともとれますが、一方で、飛鳥時代の仏像にクスノキを利用したのは中国の影響だともとれます。また、製作年代は定かでないのですが、中国大陸では時代はもっと新しいものの、クスノキを用いた木彫仏が存在することも知られています。仏像用材の樹種は、その後、奈良、平安、鎌倉時代にはクスノキに代わってヒノキが用いられるようになりました。この間、センダン、ケヤキ、サクラ、カエデなど、数種類の広葉樹がいくつかの仏像用材として散点的に利用されていたと述べられています。

飛鳥時代の仏像は百済観音像をはじめとして法隆寺に保管されている多くの仏像に見られますようにク

図 5　青蓮院の大クスノキ（京都市；著者撮影）

スノキで造られています。さらに、仏像以外でも、法隆寺所蔵の飛鳥時代作の玉虫厨子や橘夫人厨子や一部の伎楽面はクスノキで造られています。このように、飛鳥時代には、仏像やその他の彫刻を問わずもっぱらクスノキが用いられたようです。ところが、同じ飛鳥時代の作でも、京都太秦の広隆寺に所蔵されている弥勒菩薩像に例外がみられます。もともと、広隆寺には二体の弥勒菩薩像があり、ひとつは世界的に有名な宝冠弥勒像で、いまひとつは宝髻《ほうけい》弥勒像です。前者の由来については、わが国で製作されたとする説と朝鮮渡来とする説の二説があります。[注5]小原二郎氏による仏像用材の調査結果により、宝髻弥勒像がクスノキで、宝冠弥勒像がアカマツで造られているのです。また、クスノキは朝鮮にほとんど分布がみられない樹種であることや六百体余り調べた中でアカマツの仏像が宝冠弥勒像ただ一体だけであったことから小原氏は宝髻弥勒像はわが国で製作され、宝冠弥勒像は朝鮮渡来の可能性を示唆しています。かつて、筆者が個人的に面識を持った高名な仏教美術の専門家は仏像の姿、形等の製作技法からして、いずれも朝鮮渡来ではないかと思われるということを話しておられました。しかしながら、このお像の一部にクスノキが用いられていることがさらに問題を複雑にしています(本書95頁参照)。この問題とは離れますが、最近の調査では、これまでヒノキとされた八世紀の仏像用材が実はカヤの間違いであったという報告が出され[注7、8]、仏像用材の樹種の再検討が求められています。筆者も仏像修理所の協力を得て調査を進めているところですが、仏像用材の樹種の調査から今後さらに新たな事実が判明するであろうと思っています。

古建築の木

過去の調査例を参考にしますと、寺院建築で用いられた樹種は針葉樹ではヒノキ、マツ(二葉松)、スギ、ツガ、モミ、アスナロなどであり、広葉樹ではケヤキやクリが多いのです。[注9] ヒノキは飛鳥、奈良、平安といった古い時代に多く用いられてきましたが、その他の樹種は鎌倉時代以降の比較的新しい時代に用いられる傾向がみられました。寺院の拝観に出かけたときに、御堂や山門の柱がしばしばケヤキでできているのに気付くことがありますが、これらは鎌倉時代よりももっと新しい時代、多くは江戸時代以降に用いられたものです。図6は、京都西山にある栗生光明寺(享保年間に再建)の本堂の柱で、本堂は総ケヤキ造りです。

最近では、寺院建物を修復する際に修復箇所の用材と同一樹種を用いるように指導されています。しかし、筆者らの調査の経験では過去の解体修復作業記録にある樹種がしばしば間違っていることがありますので、新たな修復作業時に正確な樹種の同定作業が必要となります。

これまで、寺院の修復作業の現場を訪れる機会がしばしばありましたが、修復作業現場でないとみられない場面に往々にして出くわすことがあります。図7は京都の妙心寺の一塔頭の庫裏の建物で、屋根瓦をめくったところを示しています。写真でわかりますように、屋根の勾配に応じて柱の根元部分が多少湾曲している材をそのまま用いていることがわかります。通常の建物だとまっすぐな柱を用いるために根元の湾曲部分は切り捨てられるのですが、屋根の勾配を表現するのにわざと曲がった根元部分をそのまま利用

図６　栗生光明寺の本堂のケヤキ柱（京都市；著者撮影）

図７　妙心寺の庫裏の屋根の木組み（京都市；著者撮影）

図8　平城宮址出土柱根（奈良市；奈良文化財研究所提供）

するという匠のすばらしい知恵に感心させられます。

今からほぼ二十五年前に遡りますが、筆者が遺跡出土木材の研究を始めて間もないころ、奈良国立文化財研究所（現独立行政法人国立文化財機構　奈良文化財研究所）から平城宮跡の建物の柱材の樹種を調べてほしいという依頼を受けました。いうまでもなく、建物の地上部は現在では一切残存していないのですが、土中には柱の根元が残存していることが多いのです（図8）。これらは柱根と呼ばれています。依頼者の話では、外見からするとヒノキかスギであろうと思われるが一度科学的にはっきりさせておきたいとのことでした。そこで、すでに他界された恩師の島地　謙先生と一緒に同研究所へ赴き、平城宮跡の出土遺物が収納されている倉庫に保存されていた五百点以上もの柱根試料から無作為

にサンプリングした百五十点の木材試料を持ち帰り、樹種を同定しました。同時に、同研究所のご厚意で静岡県の御子ヶ谷遺跡の官衙跡の柱根、福岡県の太宰府史跡の柱根や奈良県の藤原宮跡および周辺遺跡の寺院建物柱根についても、樹種を調べることができました。注10 柵や板塀などを除き建物柱材のみについて調査結果を整理しますと次の通りです。

平城宮跡の建物柱根（百十四点）の内訳：ヒノキ六十四点、コウヤマキ四十五点、モミ二点、ツガ二点、マツ（二葉）一点。

藤原宮および周辺遺跡の寺院建物柱根（七点）の内訳：ヒノキ二点、コウヤマキ四点、カシ一点。

太宰府史跡の建物柱根（六点）の内訳：すべてコウヤマキ。

御子ヶ谷遺跡官衙跡建物柱根（七十点）の内訳：ヒノキ五十二点、イヌマキ十二点、イチイ一点、シイノキ五点。

以上からわかりますように平城宮跡建物ではヒノキが六割近く、コウヤマキが四割を占めました。さらに、御子ヶ谷遺跡ではヒノキが七割以上を占めました。また、太宰府史跡では調査試料はわずか六点でしたが、すべてコウヤマキでした。このように、古代において、建物柱材としては第一にヒノキが多用されていましたが、これに劣らず実はコウヤマキも多用されていたことが新たに明らかになりました。これまで、コウヤマキはもっぱら木棺の用材としてその名が知られていましたが、宮殿その他の大形建物柱材としても古代には大変有望視されていたことが新たにわかりました。これらヒノキとコウヤマキの木材としての性質を比較してみますと前者は立木を伐倒後、強度が二百年くらいまで増大し、以後徐々に低下して

千年余りで新材と同じ強さになります。[注5] このようにヒノキは丈夫で耐久性があり、通直で腐りにくくかつ光沢があり、人工造林に向くというすぐれた性質があります。一方、コウヤマキは一科一属一種でわが国にしか生育していないきわめて特異な樹種として知られています。材も丈夫で、きわめて高い耐水性があり、腐りにくいのですが、天然分布に限りがあり、かつ人工造林に向かないのが難点なのです。ちなみに、昨今では、コウヤマキはヒノキとともに風呂桶に好んで利用されます。

正倉院の木

東大寺大仏殿の北西に位置する正倉院は七世紀に造られ、地上高十四メートル、床下高二・七メートル、幅九・三メートル、長さ三十三メートルで、柱として直径六十センチメートルの丸太を四十本使用した校倉造の建物です。校倉の組み合わせ部材を間近に見る機会がありましたので、よくみますと、校倉として組まれた横木の断面は六面に木取りされていました（図9）。ほとんどが木の中心を含んだいわゆる芯持ち材でした。しかも、下面の傾斜角は若干内側に湾曲していましたが、これは水切りを良くするようにと考えられたそうです。ここでも往時の匠の技を伺い知ることができます。

正倉院は今でこそ固有名詞として人々に親しまれていますが、本来は田祖として国家に納めた正税（正稲）を保管する主要な（正）倉庫（倉）が棟を並べたものであって、平城京の大蔵省や内蔵寮、地方の国衙や郡衙などの政庁、さらには東大寺や西大寺などに設置されていて、普通名詞だったのです。長い年月の間に、東大寺の正倉院だけが残り、固有名詞となりました。東大寺大仏開眼供養（七五二年）の際に献納された品々を

図 9　正倉院の校倉造りに用いられている木組みの断面(奈良市；著者撮影)

収納しており、しかも天皇の命により開封する、いわゆる勅封というやり方で庫内への出入りが制限され、厳重に保管されてきたことは世界に類がないとされます。現在では、本来の木造の建物以外に鉄筋コンクリートの建物が二棟あり、重要なものはほとんど新しい建物に保管されています。内部はすべて木造りで、温湿度が自動調節され、防腐剤としては昔ながらの丁字とジンコウとビャクダンの細片を混ぜたものを用いています。また、製品は一点ずつガンピ紙で丁寧に包まれ、小物は桐箱に保管されており、現在でも勅封のならわしを尊重して、年一回開封されることになっています。庫内への出入りの際は手を殺菌消毒し、白衣をまとうことが義務づけられ、雨天の日は湿気の侵入を防ぐため、庫内へは立ち入れないのです。

聖武天皇崩御の四十九日に光明皇后が国家の珍宝を奉献されたのが正倉院宝物の始まりとされています。この第一回の献物に際して添えられた目録は「国家珍宝帳」と呼ばれ正倉院宝物の中核的なものです。同目録に記された献物第二号にあたる宝物は木製の赤漆文欟木御厨子《せきしつぶんかんぼくのおんずし》で数年前の正倉院展の目玉となりました。これは、見事な木目のケヤキ材からできた収納具で、参観者の目を奪うものでした。

毎年秋に曝涼《ばくりょう》(虫干し)を実施し、未整理品の調査をおこない、同時にその一部を奈良国立博物館で一般公開しています。これに先立ち、昭和五十年以降正倉院宝物のうち木材が利用されている製品の材質調査がおこなわれてきました。太刀、刀子、馬鞍、鋤、和琴、古櫃、双六局、琵琶、秦局等々と実に多種類の木質の宝物がきわめて安全にかつ厳重に保管されています。針葉樹材としてはヒノキ、スギ、カヤ、イチイ、コウヤマキ、広葉樹材としてはケヤキ、クワ、カシ類、ヤチダモ、シオジ、トネリコ類、キリ、クスノキ、カキ(クロガキ)、ホオノキ、サクラ類、ウメ、ツゲ、イスノキ、カエデ類、ナツメ、タケ、カヅラが

利用され、また渡来材としてコクタン、シタン、コウキシタン、カリン、タガヤサン、ビャクダン、ジンコウなどが用いられています。[注11]

埋没林の木

滋賀県神崎郡永源寺町の愛知川河床から約二百万年前の森林が発見されました。化石林は広く粘土層におおわれ、全体で約百三十本余りの埋没木が確認されましたが、ほとんどが樹木の根株を残すのみで大きいものは直径二メートル近くに達するものがみられました。構成樹種は針葉樹では三十二点のうちほとんどがスギ科の樹種で、メタセコイアないしはスイショウであろうと推定されました。一方広葉樹では二十一点のうちハンノキ属が多くみられました。[注12] このように、愛知川化石林は当時はスギ科やハンノキ属の優占する森林構成であったと想像されます。なお、本化石林にはゾウの足跡化石も発見され、往時の景観を想像すると大いに興味がもたれました。

佐賀県三養基郡上峰町に所在する八藤遺跡の下層から、約八万年前に起きた旧阿蘇山の大爆発にともなう大火砕流によってなぎ倒された当時の森林の一部が火山灰に埋もれた状態で発見されました。記録によりますと、旧阿蘇山は今から三十万年前から八万年前の間に四度の大きな大爆発を繰り返し、現在の外輪山ができたとされています。しかも、第四番目の爆発が特に大きく、その火砕流は遥か中国地方や長崎県にまで到達したことが記録されています。これが阿蘇4火砕流です。佐賀県教育委員会から樹種の同定の依頼を受けて現地を訪れましたが、阿蘇山から直線距離で約八十キロメートルも離れているにもかかわら

図10　八藤遺跡下層から出土した埋没材(佐賀県；著者撮影)

ず、直径一メートル、長さ十メートルもある巨大な樹幹が三本残存し、表面は真っ黒に炭化しているとともに三本とも同一方向になぎ倒されているのを知りました(図10)。人々の記憶に新しい雲仙普賢岳の噴火ではすさまじい火砕流がテレビの画面に映し出されましたが、それでも火砕流は普賢岳の位置する島原市の限られた地域に流出したのみでした。旧阿蘇山の爆発による当時の火砕流が如何にすさまじいものであったかが容易に想像できます。表面がほとんど炭化している木片を約千点採取し、樹種の同定をおこないました。その結果、構成樹種は現在九州地方には生育していないトウヒ属のヒメバラモミが半数近くになりました。[注13]広葉樹ではブナ属が最も多く、次いでコナラ属、カエデ属、クマシデ属、ナツツバキ属などでした。以上のことから、当時の佐賀地方の植生はヒメバラモミを主体としたトウヒ属で占められ、

ブナやミズナラ、カエデやシデの仲間の混在するような森林構成であり、気温も現在より冷涼であったと推定されました。ちなみに、ヒメバラモミは現在、南アルプスや中央アルプスの山頂部付近に若干生育している程度です。

木の文化を科学する

以上に述べましたように、わが国の先人たちは実に多くの用途に木材を利用してきました。しかも、木の種類ごとの性質の違いをよく知っており、用途に応じた木の使い分けがなされていることに驚かされます。一本の丸太が用意されれば木地師たちは美しい木目を出すために、即座に有効な木取りを思いつくと言われます。そこには洗練された匠の技があり、正倉院宝物に代表されるようなすばらしい芸術品が生まれ、現在では貴重な文化財として人々に親しまれています。この技は古代の、我々先人達の日常の生活に端を発し、その後連綿として引き継がれてきており、伝統木工芸として全国の各地で細々と根づいています。このような貴重な伝統木工芸を後世まで末永く持続させ、「木の文化」の国にふさわしい匠の技を伝承していきたいものです。その一方で、前述の木質文化財は文化財としての価値を損なわないように細心の注意をはらって、できるだけ科学的な調査をおこない、秘められた多くの事実を明らかにしていきたいとも考えています。木の文化の足どりをより深く理解するために。

●注および参考文献

注1　坂本太郎、家永三郎、井甘光貞、大野　晋：〃日本書紀上〃、日本古典文学大系、岩波書店、一九六七。
注2　島地　謙、伊東隆夫：〃日本の遺跡出土木製品総覧〃、雄山閣出版、一九八八。
注3　農商務省山林局編：〃木材の工藝的利用〃、大日本山林會、一九一二。
注4　尾中文彦：古墳其の他古代の遺跡より発掘されたる木材、木材保存、7(4)、百十五～百二十三、一九三九。
注5　小原二郎：〃木の文化〃、鹿島研究所出版会、一九七二。
注6　坂本太郎、家永三郎、井甘光貞、大野　晋：〃日本書紀下〃、日本古典文学大系、岩波書店、百四頁、一九六五。
注7　金子啓明、岩佐光晴、能城修一、藤井智之：日本古代における木彫像の樹種と用材観―7・8世紀を中心に―、MUSEUM（東京国立博物館研究誌）、第555号、三～五十三、一九八八。
注8　金子啓明、岩佐光晴・能城修一、藤井智之：日本古代における木彫像の樹種と用材観Ⅱ―7・8世紀を中心に―、MUSEUM（東京国立博物館研究誌）、第583号、五～四十四、二〇〇三。
注9　西岡常一、小原二郎：〃法隆寺を支えた木〃、NHKブックス、一九七八。
注10　伊東隆夫、島地　謙：古代における建造物柱材の使用樹種、木材研究・資料、14、四十九～七十六、一九七九。
注11　嶋倉巳三郎：〃正倉院の木工〃、宮内庁、百十一～百二十八、一九七八。
注12　伊東隆夫：愛知川化石林の樹種　琵琶湖博物館研究報告1、三十三～四十五、一九九三。
注13　伊東隆夫・光谷拓実：3．出土樹木の樹種、「佐賀平野の阿蘇4火砕流と埋没林」平成5年度八藤遺跡発掘調査報告書、上峰町文化財調査報告書第11集、上峰町教育委員会、五十八～六十八、一九九四。

第2部 遺跡と木製品

ケヤキ（京都市・福西公園）

第2章　原始・古代における森林資源利用の諸相

山田昌久 氏　プロフィール

首都大学東京大学院人文科学研究科教授。

専門は考古学で、人類の森林資源利用史、東アジアの生活技術史を研究テーマとして、出土木器の研究や海外の遺跡発掘調査などを展開する一方で、出土木器を現生の樹種で復元し、実際にそれを使ってみて使い勝手や強度特性を調べるという、いわば実験考古学にチャレンジされています。主要著書には、『日本人はるかな旅③海が育てた森の王国』(NHK 出版、2001)、『考古資料大観』(小学館、2003)、『食糧獲得社会の考古学』(朝倉書店、2005)などがあります。

考古学から見た森林利用

考古学は、人類と関わった過去の遺跡情報(眼で確認することができる人工物)を研究対象としてきました。しかし近年、時には眼で確認できない人類関与以外の情報に関しても自然科学的な調査を実施するようになり、環境学や生態学的な研究が蓄積してきました。現在の遺跡研究は、様々な科学による総合学へ変容する過程にあるのです。加えて、二十世紀に考古学が寄りかかってきた、歴史・経済観の再構築が現在進行しています。大学における考古学教育も、その枠組みや研究方法の変更が望まれています。そのためには、私たち教員側の意識変革が必要です。遺跡発掘の実施者である考古学者の視野が以前のままでは、遺跡発掘が限定された以前の対象物のままにしか企画できないからです。私は遺跡情報の中でも「植物に関するもの」に着目して、環境と人類社会の関係史を研究してきました。そこで、環境学・生態学・植物学・地理学・建築学など理工学系の研究者と、共同研究する機会を頻繁に持ちました。私の考古学は、まさに今回のテーマである、自然科学と人文科学による総合学に変容しつつあります。

さて、本日は最初の話題提供者となりましたが、私は、①遺跡から発見された建築材情報、②それらに関する木工技術の変容過程、③肥大成長する木という資源の特質、④人類の生活空間設計、といった四項目から原始・古代における人類の森林利用の諸相について報告します。

図1　桜町遺跡の環状木柱列遺構の復元（富山県；著者撮影）

太い木を割って使う技術

図1は、富山県小矢部市の桜町遺跡で発見された、三千年程前つまり縄文時代晩期とされている時期の施設を想定復元した事例です。遺跡には柱根部分しか残っていなかったのですが、その遺物の太さに従って、直径七十センチ程のクリの木を分割した半円柱材を十本、遺構と同規模にそして同間隔に建て並べました。柱の長さは、根入れの深さから五メートルとしました。厳密に言えば、入口を構成する二本の柱は埋める向きが異なりますが、残りは半円柱の断面形状で弦にあたる平坦面を外にして埋めました。入口以外の柱は断面形で円弧にあたる側の上位に二箇所、対になるよう窪みをあけました。これは遺跡から発見された柱材の類似加工例を参考にしました。柱の窪みを利用して桟材両端を収め、縄で縛って連結させました。この施設は環状木柱列遺

図２　木割り具の楔（池子遺跡群、神奈川県；池子遺跡群資料館所蔵、弥生時代例、逗子市教育委員会提供）

構と名づけられていますが、このように復原すると多角形構造体になります。

七～八千年前に石斧を手にした人類は、太さ二十センチ以下の小径木を心持ちのまま組み、縄縛り固定して構造体を作っていました。しかし三千年前には、太い木を割って使うことを始めだしたようです。縄文時代晩期の遺跡からは、北陸地方を中心に分割材柱根が多数発見されています。木割り具の楔（箭、図2）も発見されています。そこで、私たちは写真の施設構築に際して縄文時代の人と同じように、楔を掛矢でたたいてクリの太い木に打ち込んで分割する製材法を試みてみました。知識としては木を割って製材していたことを理解していても、鋸挽き製材の知識をどこかに持つ私たちは、実験中にプログラミングしていなかった、さまざまな事態に遭遇しました。実験というのは、ある課題を設定して行った結果のデータを得るものですが、実験考古学では「課題解決型の実験」遂行に伴って、たくさんの「新たな問題点」を見出すことがあります。今回のお話は、実は、実験時の想定外の出来事をヒントにしている部分がかなりあります。

実験に使用したクリの木は、岐阜県や青森県から取り寄せたものでした。樹皮のついたまま実験地に運

図3　捻れのままに分割された木材（著者撮影）

ばれました。皆さんも町を歩いている時、街路樹を注意してご覧になられるとお分かりいただけるのですが、樹皮の表面からも木がやや捩れて成長していることが観察できることがあります。このような組織の捩れを回旋木理といいます。実験に使った木も捩れがありました。鋸で挽き切るときには、その捩れとは関係なく真っ直ぐに製材できます。しかし、木部の組織を無視した挽き切り材は、木の繊維に沿って分割した材と比べて、組織構造に逆らった材になるといえます。人類が最初に思いたった、木を割って使うという技術では、捩れている木はその捩れのままに分割されます（図3）。木部の組織に沿った割れは、自然に逆らわない製材法です。この方法のほうが、木の組織本来の強度が利用できますが、素性の良い木を求めないと、捩れが大きい分割材が出来てしまいます。すると、木を軸組みする際や板接ぎする際に不都

合が生じます。復原に使用した木は、災害で折れた枝を幹の内部に巻き込んでいました。木部の組織が乱れた材は、真っ直ぐに割ろうとしても出来ずに、石斧で捩れ剥がれた繊維を断ち切ろうとしてもうまくいきません。

しかし、このアクシデントは私たちに思わぬヒントをもたらしました。実は、縄文遺跡で発見された類例の柱根は、正確にいうと半円柱ではなく、樹芯部分が外されて五分の二くらいに木取ったようになっていました。そこで私たちは、縄文人は芯を外した不規則な分割作業をした、と思いこんでいました。考古学者の以前の考えでは、繊維方向を無視した分割をした後、時間がかかる繊維切断を行っていたとしていました。もしそのような手間をかけたと仮定しても、さらに分割面のささくれの除去に再度時間をかけなければなりません。結局は分割面を加工して平坦にする手間がかかるのです。そうだとすると、半分に割ろうとしたのに捩れてしまったため、それぞれの出っ張り部分をチョウナで削って平坦面を作った結果、芯外し分割のような木取りになったと考えたほうが、むしろ素直な解釈なのではと考え直したのです。二十数年前、石川県真脇遺跡の同様な柱根を実測していた際、分割面は全体にチョウナ削りが行われていて苦労したことを思い出しました。

大きなものを運ぶ技術

食料資源としての種実や根茎、動物や魚介類は、一年という単位のなかで資源量を計算することができます。集約生産を求める畑作農耕では地味の衰えが起こりますが、原則的に同じ場所で同じ資源と関わる

ことが可能です。しかし、木は一定の成長年数を待たなければ、同じ場所で同じ太さの資源を確保出来ません。木は長期的なサイクルでの空間固定型の利用計画や、同一地の森林を継続使用しない空間変更型の利用計画で接しなければならない資源なのです。小径木であれば人の一生の時間内での再生や、人力搬送が可能です。しかし、太い木を利用しようとする場合には、成育期間に関しては、人の世代を超えた長期的計画が要求されます。再生を待つ間が長くなる分、空間変更型の利用計画が要求され、次第に遠いところの木を伐採し居住地に運び入れる算段が必要になります。そこで大径木の利用する際には、木を搬送する方法の議論が必要になります。外国の木を大型船で運び、トラックで国内隅々まで日数をかけずに運ぶことが出来る私たちは、当時の搬送に関わる条件の違いを見落としがちです。

木はその種ごとに独特の形や大きさの違いがあります。通直な幹の針葉樹は、規格を揃えやすく比重も軽いことから、大量搬送に適しています。割れや変形が起こりにくいことも特徴です。しかし、広葉樹は生育環境によっては幹がほぼ真っ直ぐにのびることもありますが、並べ重ねるとやはり隙間が多くできます。比重も一般的に大きく重いです。また、陸上を長時間移送すると、水分量が変化し割れや反りなどが生じますから、搬送方法や管理方法に工夫が必要です。このように整理してみると、縄文時代の人類に可能であったのは、大量移送・長距離移送をしないでおこなう用材構想だったということができます。先の施設復元作業で、青森や岐阜から大木を運ぶことができたのは、現在の搬送力があったればこその話なのです。

縄文時代以来、人類は地球上のさまざまな物資を資源化してきました。粘土を焼いて土器をつくり、石

を敲打・研磨して石器や装飾品をつくりました。弥生時代になって、鉱物資源にも着目し冶金術やガラスの製造も始まりました。それらの資源は、人類の生きる時間内で生成されるわけではありませんから、産地が突き止められていれば、採取時期や採集量にそれ程制約がある訳ではありません。加工技術さえ手にすれば、いつでも産地から必要量を分割して採取することができます。少しずつ分けて持ち帰ることができますから、たとえば、既採取粘土に新しい粘土を加えて大型の焼き物をつくることができます。

しかし、木部を資源として考えた場合、肥大成長して必要な太さになるまで待つことが必要です。また、手頃な太さである時期に伐採しなかった場合、同じ目的に利用する資材としては適さない太さになってしまうのです。そして、木は通常は伐採によって樹形全体が一括採取されます。必要な量だけ分割採取することがしにくい資源です。木材は、現在では可能になりましたが、長い間接着して大きさを変えることができない資源でした。そこで、大径木利用を考えるには実は物資の移送力拡大の歴史を考える必要があるのです。考古学では出土品から搬送器具の歴史を考えることもできます。日本の遺跡からは、橇(弥生時代)、修羅(古墳時代)、車輪(飛鳥時代)のような陸上運搬具やその部品が発見されていますが、縄文時代には確認例がありません。縄文時代の遺跡で発見された大径木材には、縄を括りつける溝や目途孔の細工がありますから、諏訪大社の御柱祭りのように斜面を曳き落すことや、筏に組んで川や海を移動させることはこの頃からできたといえます。小径木であればこの手法でも短い距離なら平坦地を牽引して運ぶことができたのでしょう。ちなみに、海上や河川を利用した水運に関わる船の歴史では、弥生時代には舷側板をたして舳先に波除をつけた準航造船が使用されています。古墳時代の埴輪からはより大きな構造船の存在が考

えられます。そして、十二世紀にはより大形船での水運ネットワークが出来上がっていました。しかし、一般的な集落生活では、日本の村に住む人は、ほとんどが低移送力で暮らしていたと言っていいでしょう。

縄文時代の木工技術

この十年間の発掘成果や実験考古学によって、縄文時代のなかでも前期から中期と時期区分している七千年から四千年前頃、人類は小径木を丸木のまま使用して家を作っていた時期があったことが分かりました。東北地方から関東・中部地方で発見される建築材は、多くがクリを使用したものでした。時には青森県三内丸山遺跡で有名な、大径木の特別な施設を建設していたことは間違いないのですが、通常の家屋は十五センチから二十センチほどの太さの小径木を使用したものでした。搬送力の低い社会では、集落周辺の森や川流しが出来る建設地上流の森から、十数年〜二十年ほどの年数を経たクリの木を切り出して施設用材を確保していたと考えられます。この重量であれば、陸上を荷なってでも運べたでしょう。燃料材はさらに短い周期で伐採していたでしょうし、束ねて人力運搬で対応できます。つまり、縄文時代の集落周辺は人類によって絶えず交渉が図られた、「深い森」ではないクリを中心とした「若い里山の森」となっていたと考えられます。

森林生態の面からすると、頻繁な撹乱を受け、人類に林相管理された森だからこそ、落葉広葉樹林帯の一般的な極相林（コナラなどが冠層を覆う姿）ではなく、種実の大きい栗の初期成長速度や萌芽再生を利用して作り上げた「東日本型縄文里山林」、が出来上がったと説明できるのではないでしょうか。では「西日本型

の縄文里山林」はどのようなものなのか、というと残念ながらまだ情報が不十分です。しかし、私はおそらく異なった里山だったのではと考えています。台地地形が少ない西日本の地勢では、同じ空間計画は立てにくいからです。実際に集落が台地上に施設を環状配置するような事例は認められません。集落は、周囲を見渡す環境ではなく、背後に山を背負った場所に作られました。里山計画も当然異なったものだったのでしょう。

石器木工のこの時期、心持ち丸木を構造部材として使用した建築物は、若干の水分調整はあったかも知れませんが、基本的には石斧で生木を切断・加工したものでした。建築材らしき丸太や分割材が水に漬けられたような形で発見された例は、縄文時代晩期の遺跡である、滋賀県滋賀里遺跡のものだけですが、縄文時代には他の木製品も多く水漬け保管された状態で発見されます。つまり縄文時代の石器木工では、木の含水率を下げる現在の方式ではなく、水分量を保って石の刃での加工をしやすくしていたのです。また、木のあばれを防ぐ意味でも、水漬けは必要でした。遺跡からは多数の切断痕のある木材が発見されますが、その加工面には長い削りが認められます。乾燥度合いが低い木材を加工していたことを示す加工痕です。このことは、建築技術にとって重要な問題となります。縄文時代の構造部材の中には、桜町遺跡ばかりでなく、北海道の忍路土場遺跡や安芸遺跡などからも穴や段を加工して木組みを補助したものが発見されています。古建築の研究者は、そのような加工を仕口や継ぎ手として、含水率調整をした古代建築技術が格段に遡ったと指摘されました。ひぶくら接ぎという板接ぎ手法もあったとする意見もあります。しかし、石器木工の縄文時代では、生木を加工することの特質への配慮をしないといけません。こうした古代の仕

口や継ぎ手に似た加工も、石器木工による生木加工では時間が経つと変形が生じます。単純に古建築の事例と同じ名称を付けて、この時代の構造部材の組み部分を整理してはいけないと私は考えています。

製材技術と大径木利用のはじまり

さて、木の肥大成長は、人類が生きている時間にその度合いが理解できる速度で進行します（図4）。子供の頃に自分の背丈と同じくらいだった小さな木が、大人になったときには二十センチを越える太さになっており、十メートルを越す高さになっています。そのような木部資源の特質は、人類に伐採時期や生育地との有効距離を計算した利用計画を考えることを要求しました。これまでお話してきた小径木利用方法での森林資源を利用するのであれば、人類は一世代の間もしくは次世代には、同じ場所の森を利用可能な大きさに再生させることができます。同規模のまま村が継続していくのであれば、自分の生きる時間で責任のとれる循環サイクルでの森林利用システムだったといえるでしょう。

しかし、定住した縄文時代の人類は、人口を自然増させるようになります。また、弥生時代には小さい規模ですが権力者が率いる社会が出現します。地域によっては、自然村ではなく意図的に人口集中が図られた大規模集落が出現しました。こうした社会規模の変化によって、人類の森林資源利用システムは、単純な若い木の循環型からの変化を迫られました。それまでは手をつけ難かった、太い木・深い森を資源として利用するシステムが採用されたのです。この新システムは、日本列島総ての地で採用された訳ではありません。関東・東北地方では、食料事情が変わった分「クリ林経済」からは脱皮しても、コナラ・クヌ

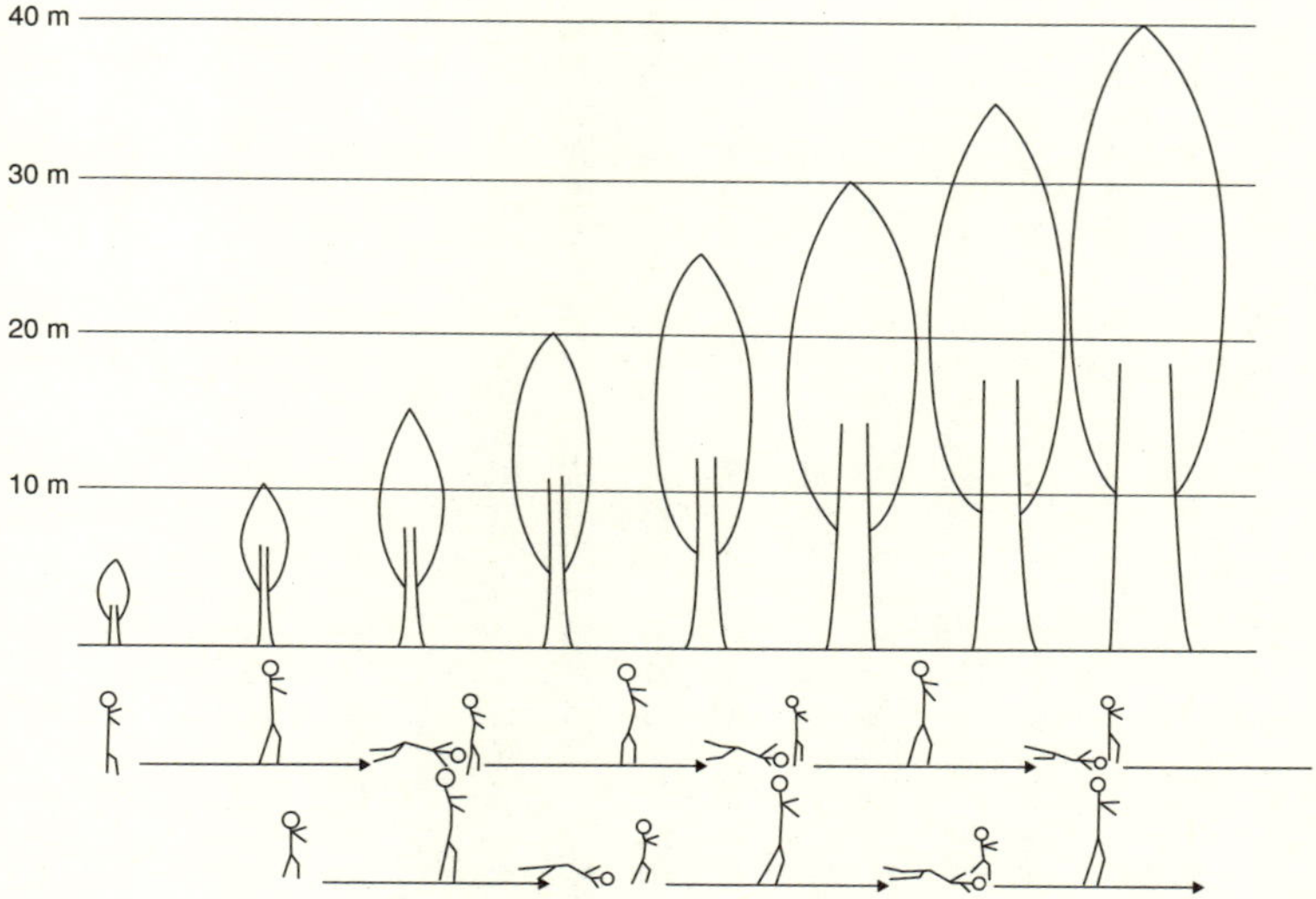

図 4　大径木の成長期間と人の時間（著者原図）

ギなどの小径木丸木利用のシステムへと移行していただけだったようです。また九州地方でも一般住居には小径木建築が継続していたようです。クヌギやシイ、カシの仲間などを使用した建築材利用のシステムがあったのです。

分割製材技術の発達と大径木消費利用のはじまりは、人類の交渉対象木の変更をうながしました。建築用材として、割裂性の高いスギやヒノキなどの針葉樹利用が促進されたのです（もちろん、当時急速に普及した水田・畑作農耕に使用したり、集落防御の環濠などを掘削に使用したりするための鍬鋤類の素材として、カシ・クヌギ・コナラなどの堅木も製材されました）。弥生時代以降になると、楔の遺跡発見数は急増し、それを叩く掛矢も定型化して、遺跡から多数発見されます。搬送力の面でも先にお話しま

したように、長さ二メートルほどの橇の使用が始まって、製材した木をある程度まとめて移動させることが出来るようになりました。背負梯子や背負板の使用も始まって、薪など硬い重量物の背負い運搬も可能になりました。つまり、針葉樹材への移行の理由としては、割裂性の高さもさることですが、比重の低さによる搬送時の集積させやすさや、通直性の高さから建築物の規格性確保効果、などの利点があったことも重要だったことが分かります。

そのような森林利用システムの変化は、弥生時代の中でも二千二百年頃からの弥生時代中期と呼ばれる時期から顕在化します。当時日本列島には現在残っていない平野スギ林が存在していましたが、人類の分割製材技術取得と大径木利用によって(水田化の影響も大きかったのですが)、山陰・北陸・滋賀・東海東部などに成育していたスギ林は、人類に利用し尽くされ消滅したと考えられます。なぜならば、スギの木の樹芯から半径三十センチくらいの部位には、かくれ節があるため割りが思うようにはできません。外側の節のない部分が大きい程都合よく製材できたのです。この大径木を分割製材する技術は、縄文時代では手をつけられなかった自然林というか交渉をほとんど行ってなかった太い木の森林を利用可能にしたのです。それは、地場経済(里山経済)の構想を大きく変えるものでした。

大径木は先にお話したように成長時間が長いです。静岡県登呂遺跡で発見された径百センチほどのスギの木(平野スギ)は、年輪数を数えてみると百年未満でした。非常に成長の速い木だったことが分かります。私たちが昨年、福井県若狭町で石斧伐採した丸木舟製作用の径百センチほどのスギ(植林山林スギ)は、百八十年ほどの年輪数でした。現在の植林用材管理感覚で言えば、あまり成長の速い木は初期除伐対象となる

ものですが、弥生時代当時も成長速度の違いによる材質差は理解されていた可能性はあります。材質管理の存在を示す確証はありませんが、二つのスギの成長量差は生育環境の違いであるとも考えられます。実際のところ、弥生時代の山陰から北陸地方遺跡発見例では、年輪間隔が東海東部のものよりかなり小さいことが分かっています。

しかし、その何れをとっても「東日本縄文里山林」の成育期間とは異なり、人類の世代を大きく越えた時間をかけた再生を見込まなければなりません。また材積のある木を移動させるには、先に触れたように搬送手段を講じることが必要となったでしょう。平野スギは移動しやすさの点でも価値が高かったのです。図4は、大径木になるには人類が何世代も交代し、時間を待つ必要があるのだということを表現したものです。

木材資源の利用特質—木製品製作の一括性—

大径木を利用するようになると、人と森林の関係に変化が起きました。成長期間を長く取らなければならないのですから、親が切った森を子が建築材として利用することができないという事態が生じます。子の代ばかりか、孫や曾孫の代まで待っても、森は同じ太さの木には再生していないでしょう。つまり、施設を更新するためには、大径材を求めて違う場所の森を伐採することが必要になったのです。

一方、「東日本縄文里山林」型の循環利用は、人口増に対処しにくいシステムでもあったのです。じつは、縄文時代の四千年前くらいの時期には、居住が安定して人口増が起こったと考えられます。それまで

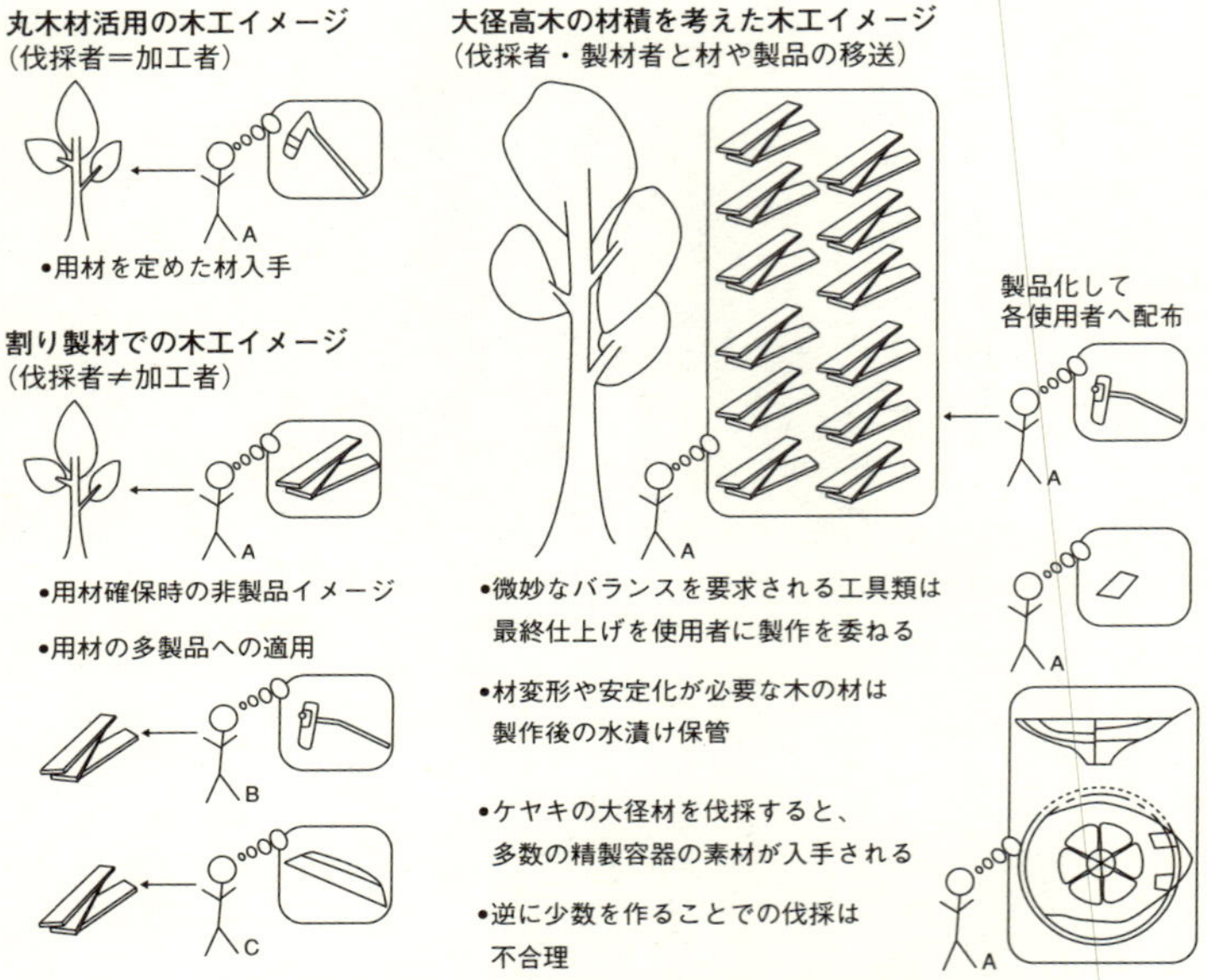
丸木材活用の木工イメージ
(伐採者＝加工者)
A
•用材を定めた材入手
割り製材での木工イメージ
(伐採者≠加工者)
A
•用材確保時の非製品イメージ
•用材の多製品への適用
B
C
大径高木の材積を考えた木工イメージ
(伐採者・製材者と材や製品の移送)
製品化して
各使用者へ配布
A
A
A
A
•微妙なバランスを要求される工具類は
最終仕上げを使用者に製作を委ねる
•材変形や安定化が必要な木の材は
製作後の水漬け保管
•ケヤキの大径材を伐採すると、
多数の精製容器の素材が入手される
•逆に少数を作ることでの伐採は
不合理

図5　用材による木製品生産の仕組み(小学館 2003)

手をつけていなかった森の別木や、手をつけていなかった別径木(大径木)の森に、用材を求めて居住地変更がおきました。

このような新しい材調達システムの採用によって、古代都市の建設用材の確保・集積が可能となりました。しかし、それは「森消費型」の用材経済であったので、古代都市は施設更新に不都合が生じました。用材の循環補給を変えた大径木利用は、流域面積の大きさが順次切り替えられる森の材積量を保障することになります。水系上流からの木材流し搬送を主とする古代においては、水系規模が都市建築材の供給量を規定しました。「東日本型縄文里山」の木を利用する近距離材による村つくりが、海浜部・平野部・丘陵上・山間地などのいずれの場所にも、小規模村を構えて維持するこ

とができていたシステムであったことと対照的なシステムなのです。

また、大径木の利用からは、別の議論も必要になります。それは一括確保される資源量が多くなることから来る生産量に対応する工夫です。これまで、私たち考古学者は弥生時代や古墳時代に、社会が大型化・組織化されたために「量産化」として経済活動に分業がおこると考えてきました。しかし、木部資源には、実は大径木の一括獲得される資源量の多さということから、器具つくりに量産が付随して求められるという制約が生じるのです。また、製作時期をずらして器物をつくる資材保管という考えも必要になります。縄文時代にも木の安定化のための水漬けによる「木殺し」作業の施設は存在したのですが、大量の木部資源を時間をかけて無駄なく利用するために、弥生時代以降の遺跡には木材の保管施設が多数作られるようになりました。また、遺跡から発見される木製品を見た場合に、原木や未成品がある遺跡や地域と、完成品しか認められない遺跡や地域があることが分かってきました(図6)。木製品を作る村と受け取る村の存在は、最初大坂平野の弥生時代遺跡の分析で発見されました。また、九州の弥生時代遺跡では、佐賀平野の遺跡からは木製品の未成品が多く発見されるのに対し、福岡平野の遺跡に

図6　福岡県カキ遺跡から出土した木製品
(カキ遺跡、福岡県；北九州市芸術文化振興財団提供)

は未成品が少ないのです。森林規模の大きい地域では大径木の入手が安定していたため、鍬鋤類のようなアカガシ亜属の大径木材を必要とする生産が佐賀平野で集中して行われたものと判断されます。

木材を効率的に使う工夫

このようにお話ししてくると、木を利用して生活資材を確保した、原始・古代の人々の数多くの工夫の実態が、浮かび上がってきました。私たちがあたりまえのように考えていることが、石器で木工を始めた人々や、木の分割製材を考えた人々にとっては、すべて新しい対処法として求められたことだったのでしょう。この時代、人類は決してただ大径木をかってに消費していただけではありませんでした。木部資源を効率的に使う技術も考えられていました。木の容器の作り方にその工夫を見てみましょう。縄文時代では、木の容器は刳りものでした。建築材では小径木利用を基本としていて必要な場合にのみ太い柱立てを行っていましたが、木の容器も同様に大きな木を刳りぬいてしか作ることが出来なかったため、七〜八千年前から時には直径五十センチ以上の木を使って大きな皿や鉢を作っていました。皿のような浅いうつわは、粘土で作るよりも木の方が作りやすく割れにくかったためで

図７　弥生時代の机（雀居遺跡、福岡県；著者撮影）

しょう。しかし、太い木を避けたためか、容器は横木を長く木取って長円形に作られることが多かったようです。縄文時代前期の木製容器はあまり太くない木を縦長にして作っていたのです。ところが、弥生時代に容器の側面を別材で作る板組の容器や曲げ物作りの容器が登場し、今から千八百年前には、この曲げ物の大形容器がかなり普及していたことが分かりました。この方式は、太い木の多くの部分を削って使わずに捨ててしまうのではなく、薄い板を量産して無駄を少なく容器を作るものです。古墳時代の人々は、容器を作る際の木材の効率的な利用法を持っていたのです。また、板を指物《さしもの》細工で集成加工して、机や腰掛をつくることも弥生時代の中期くらいの頃から始まっています(図7)。これも木材を削って捨ててしまうのではなく、無駄なく使う工夫です。分割製材は、このような場面でも効果を発揮していた訳です。

●**参考文献**

山田昌久『考古資料大観8　弥生・古墳時代　木・繊維製品』小学館、二〇〇三

第3章　遺跡出土材に見る針葉樹材利用の歴史

鈴木三男氏　プロフィール

東北大学学術資源研究公開センター教授（同センター長、植物園園長）。

専門は植物系統学、植物解剖学、古植物学で、1億年前の原初期の双子葉類木材化石から新世代第三紀の木材化石フロラ、更新世、先史時代、歴史時代の植生史、人類の植物（樹木）利用史などの研究を手がけ、特に最近ではマングローブ植物の構造機能解析と「ウルシの歩んできた道」に強い関心を持っておられます。主要著書には『植物解剖学入門』（八坂書房、1997）や『日本人と木の文化』（八坂書房、2002）などがあります。

遺跡と森林植生

遺跡から出土してくる木材の樹種を調べて、過去にどのような森林があったのか、そして私達の祖先はそこから何の木を何の目的に利用していたのか、その結果、元にあった森林はどのように変化したのか、といったことの研究をここ三十年ほど続けています。今日はそうした中でスギやマツなどの針葉樹がどのように利用されてきたのかに焦点を当ててお話ししたいと思います。

図1は現在の日本の植生で、北海道から九州まで描いてあります。本州の北の大部分がここで言う冷温帯の落葉広葉樹林、本州の南半分の大部分が暖温帯の常緑広葉樹林、いわゆる照葉樹林となっています。この図で針葉樹という言葉が出てくるのは亜高山帯の針葉樹林、それから亜寒帯、それから北方針広混交林といって北海道は針葉樹と広葉樹が混ざっている林が広がっています。ですから大まかに日本の植生を見た場合にはスギやマツといった針葉樹は出てきません。

それでは、実際にわれわれが歴史的に現在も、昔から日本に自生していて、そして昔から使っている針葉樹ってどんなのがあるかというのを表1に示しました。一応これはだいたい日本に自生している針葉樹を挙げてあるわけですけれど、その中でゴシックが良く利用されてきた木という言い方ができるかも知れません。並字の樹種はほとんど使われていない。亜高山、亜寒帯の針葉樹林で使われているのはありますけれど非常に限定的です。もちろんカラマツなんかはいまは北海道の風景を作っている樹木なんですけれども、これはあくまでもここ百年よりももっと若い話でして、縄文時代からということではありません。

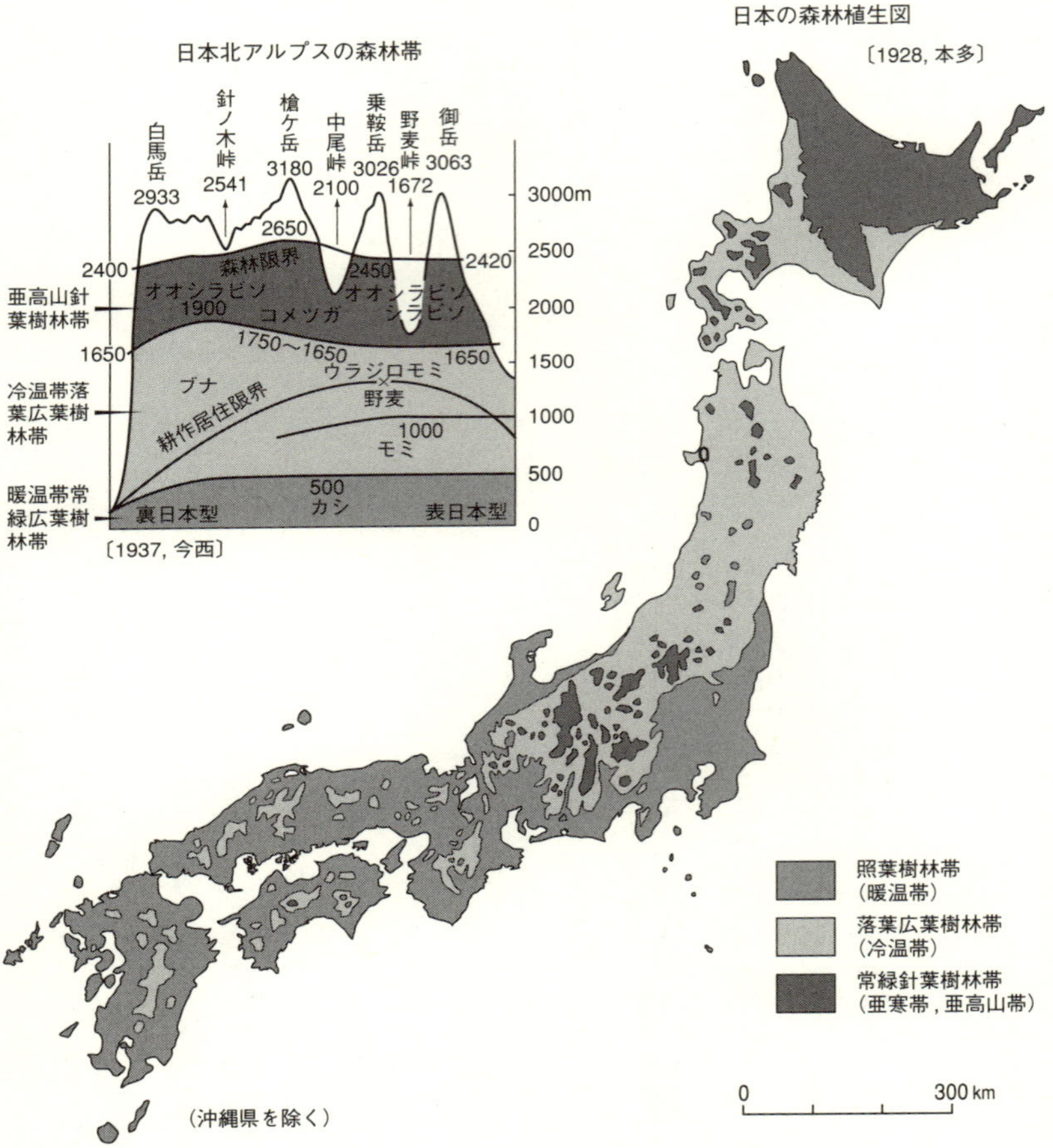

図１　日本の森林植生（朝日新聞社 1976）

表1　日本産の針葉樹(木材利用される主な樹種)

科	属	亜高山・亜寒帯	冷温帯	暖温帯
マツ科	モミ属	トドマツなど	ウラジロモミ	モミ
	カラマツ属	カラマツ		
	トウヒ属	トウヒなど	ヒメバラモミなど	
	マツ属	ハイマツ	アカマツ	アカマツ、クロマツ
	トガサワラ属		トガサワラ	
	ツガ属	コメツガ	ツガ	ツガ
コウヤマキ科	コウヤマキ属			コウヤマキ
スギ科			スギ	スギ
ヒノキ科	ヒノキ属		ヒノキ、サワラ	
	ネズコ属	ネズコ	ネズコ	
	アスナロ属		アスナロ、ヒノキアスナロ	
マキ科	マキ属			イヌマキ、ナギ
イヌガヤ科	イヌガヤ属			イヌガヤ
イチイ科	イチイ属		イチイ	
	カヤ属			カヤ

そうすると、遺跡出土の針葉樹となると冷温帯と暖温帯に生えている針葉樹ということになります。冷温帯と暖温帯に生えている針葉樹は、ブナやナラなどのようにそれ自身が優占した林にはならない。あくまでも広葉樹林の中で地域的に、土地的、それから時間的にそれが比較的多い林として存在します。基本的にはいわゆる広葉樹の優占する林の中に混じってある針葉樹を資源として昔から使ってきているということになろうかと思います。

先史時代の木材利用

木材をいつから日本人は使い始めたのかという話になりますと、各地の博物館に展示してある旧石器時代の人々の生活を描いた復元図やジオラマでよく見ることができます。マンモスやナウマン象を人々がハンティングし

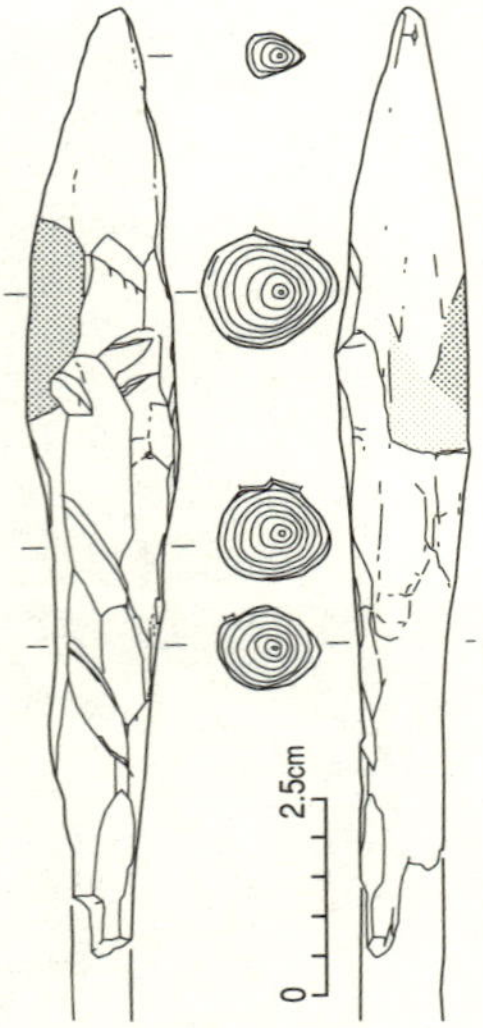

図2　宮ノ前遺跡出土の加工痕のある木材
（岐阜県宮川村；宮川村教育委員会 1998）
▒の部分は炭化しているところ

ている。その人たちが持っている槍や棍棒、その柄は木でできている。実際、岐阜県宮川村の宮ノ前遺跡から約一・五〜一・七万年前のトウヒ属の材でできた木槍状のものが出土しています（図2）。一方、このような復元図ではその傍らで火をたいている人たちがいる。燃やしているのはもちろん木です。火をたいた例として一番古いのが仙台市にある富沢遺跡というところです。ここでは広大な埋没林が発掘され（図3）、その中にたき火をたいて、石器を作っていた跡が見つかっています。今では埋没林の上に博物館を建てて、当時の埋没林とたき火跡が見られるようになっています。この埋没林の樹種を調べた結果、ほとんどがトウヒ属で、大きな株はカラマツ属、それにモミ属の小さな株がわずかに混ざる、というものでした。この三つの属の組み合わせとなりますと、これは亜高山亜寒帯の針葉樹林だ、とみなさんおわかりになられると思います。ただ、今の亜高山の針葉樹林はアオモリトドマツやシラベなどモミ属が主力ですが当時はトウヒ属、カラマツ属が主力であったようです。そしてこの遺跡では炭の破片が集中して出て、その周りには石を打ち欠いた破片がたくさん見つかりました。この炭を顕微鏡で見た結果、カラマツ属の材であることが確認され、放射性炭素年代で約二万

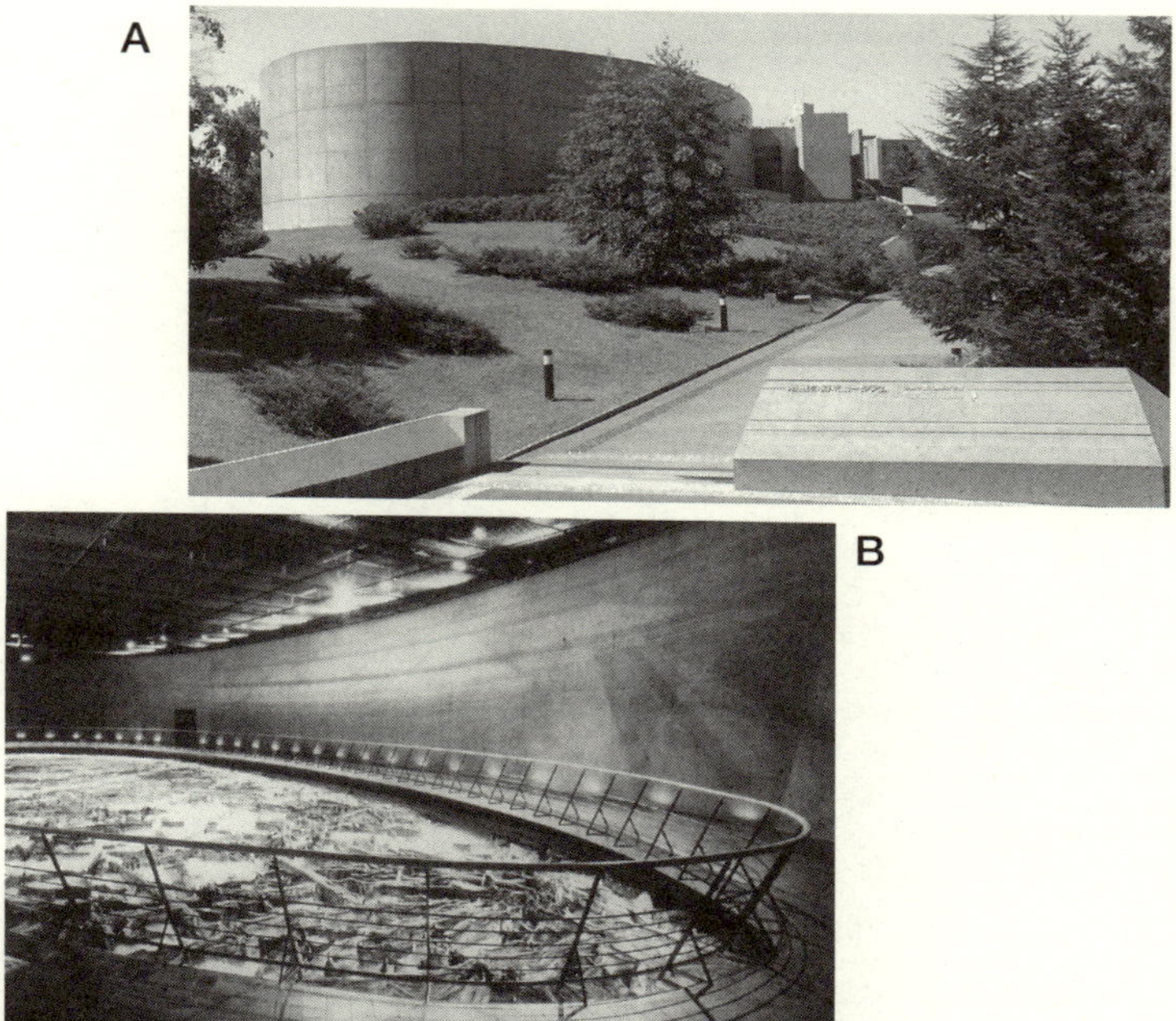

図3　仙台市富沢遺跡保存館（通称：地底の森ミュージアム）の外観（A）と埋没林の展示風景（B）。Cは発掘当時の埋没林の様子

年前頃は仙台平野は亜寒帯性の針葉樹林で、そこで付近の木の枯れ枝でたき火をして、石器を作っていた跡と認定されました。このように旧石器時代の終わり頃（後期旧石器時代）の日本列島は氷河期のまっただ中にあり、亜寒帯性の針葉樹林が卓越する中で人々はそれらの木を利用して生活していたことが窺えます。

クリの利用

氷河時代が終わって約一万年前以降の後氷期という時代になりますと亜寒帯性の針葉樹林に代わって冷温帯性の落葉広葉樹林が日本列島を覆うようになります。そこに縄文文化が花開くわけですが、その文化は豊富な森林資源を生活の基礎とし、森の中に生まれはぐくまれましたので、木材を非常にふんだんに使った木の文化といっても良いものでした。縄文時代の木の利用、木材利用というのはこれは広葉樹中心で、木材の伐採、加工の刃物が石、即ち石斧によるものだったからでしょう。そして広葉樹の中でも一番中心になる樹種というのはクリなんです。青森県の三内丸山遺跡では六本柱の大きな建物、それから大型の住居が復元されていますが（図4）、出土した柱根の樹種を調べた結果などに基づき、中心的な構造材には全てクリを使っています。図5、6は首都大学東京の山田昌久さんらの実験の場面の写真を撮らせていただいたのですけれど、石斧でクリの木を伐《き》るという実験考古学をなさっています。さきほど木の水分調整という話がありましたけれど、乾いたクリの木というのは石斧ではいかんともしがたい、鉄斧や鋸とかそういうのがないと伐れない。けれども生木のクリというのは非常に簡単に伐れるというのが山田さんたちと一緒にやってきた実験の成果の一つです。樹種によって石斧による伐採のしやすさはまったく違うという

図4　三内丸山遺跡の復元された大型六本柱建物と大型住居（著者撮影）

結果も最近でています。

個人住宅といいますか普通サイズの竪穴住居などは中心の柱もそれほど太くなく、太くても直径二十センチメートル程度かそれ以下で、多くは十センチメートル前後の太さの丸太をそのまま使っています。だから大きなクリの木がぽつりぽつりとある森ではあまり価値がなかったようです。もっとも時には非常に太いクリの木も遺跡から出てきます。さきほどの三内丸山遺跡でも六本柱建物の柱は直径一メートルもありますし、北陸の縄文遺跡で時に見つかるウッドサークルは直径六十〜百センチメートルくらいのクリを半分にした材を十本前後円形に配列したもので、クリの大木が使われている例です。クリの利用を考える上で、丸太をそのまま使っていたものから太い木を使うようになるのは資源のあり方や伐採・加工技術の変化があってのことのようです。

図 5　石斧を使ってのクリの伐採(著者撮影)
このサイズで 15 分くらいで伐れる

図 6　クリの石斧での伐採痕
(著者撮影)
上側は綺麗な伐りあとができるが下側はぼさぼさになる

縄文時代の木の利用

それでは建築材としてのクリ以外、様々な生活道具などに我々の祖先は何の木を何の目的に使っていたのだろうか、と考えるとき、そのようなことを考察する出発点となるのが福井県の鳥浜貝塚遺跡です。この遺跡からは縄文時代草創期からの遺物があるんですけれど、遺跡が繁栄した中心は放射性炭素年代で約六千年前の縄文時代の前期です。この鳥浜貝塚遺跡は三方五湖に流れ込む鰣川(はすかわ)という川の川底にできた貝塚でして非常に有機質の残りのよかった、まさに縄文のタイムカプセルといえるものです。この遺跡が非常に有名になったのはいわゆる栽培植物、作物がすでにあったということです。ヒョウタンがいちばん典型的で、作物学の立場からいうと、ヒョウタンというのはアフリカの西海岸の原産でそれがインドに渡って、それからインドからアジアに広まったんだといわれています。そういうことから考えると日本に渡ってくるには何千キロという旅をしているわけですから、そのような作物が縄文時代の前期にすでに日本に渡ってきたということ自体衝撃的であると思います。

この遺跡から出土した木材を片っ端から私と森林総合研究所の能城修一さんとで樹種を調べました。私達は人間が使った、あるいは加工を加えた痕跡がある木材を加工木、その痕跡がないものを自然木と呼んでいます。この遺跡では加工木を千七百点ほど調べました。その中で特徴的な木製品を挙げていきますと、まず石斧の柄が目につきます。他の縄文遺跡では数点しか出土しない石斧柄なのですが、この遺跡で実に百八十点も出ていて、それだけでも驚かされるのに、樹種を見て更に驚きました。その七割がユズリハ属

の材を使っています。我が国にはユズリハ属にはユズリハとヒメユズリハがありますが、両者は顕微鏡的には区別できないのでユズリハ属としていますが、おそらくはユズリハそのものだろうと考えています。調べる前の予想としては、石斧の柄なのでカシやナラのように堅い木を使っているのだろうと思っていました。ところが逆に柔らかいユズリハの材というのは実に驚きで、最初、ユズリハ属であるという同定を決断するのに躊躇しました。顕微鏡で見える木材構造はユズリハ属のものにぴったりなのだが、私達が知らない、別な樹種である可能性はないのか、随分調べましたが、結局これはユズリハ属に間違いないという結論に達したわけです。このように鳥浜貝塚遺跡ではユズリハの石斧柄が盛行するのですが、その後の遺跡ではユズリハの石斧柄はほとんど出てきません。伝わらなかった木の文化といえそうです。

鳥浜貝塚遺跡でやはり少なからず出土した木製品に弓と尖り棒があります(図7)。弓というのは弓筈があって、多くは出土品も多少とも湾曲しています。弓の出土品には丸木のまま枝を払って両端に弓筈を切り込んで付けただけの、白木弓、あるいは丸木弓と呼ばれるものと、太めの材を芯を避けて削り込んで棒状にし、桜や樺の皮、あるいは糸などを巻き、漆を塗った、いわゆる飾り弓という二種類があります。鳥浜貝塚遺跡では丸木弓にはカシ類が多く使われ、飾り弓にはニシキギ属(おそらくはマユミ)が使われており、弓には真弓、という文化が既に成立していたことを思わせます。一方、尖り棒というのは片方は尖っているのですがもう一方は偏平になっている長さが一メートルあるいはそれ以上の棒で、湾曲していることはなく、これは掘り棒なのではないかと考えています。その多くはムラサキシキブ属(おそらくムラサキシキブ)の材で、根株からすっと伸びた三~五年目くらいのシュートを使ったものです。シュートの上の先を尖ら

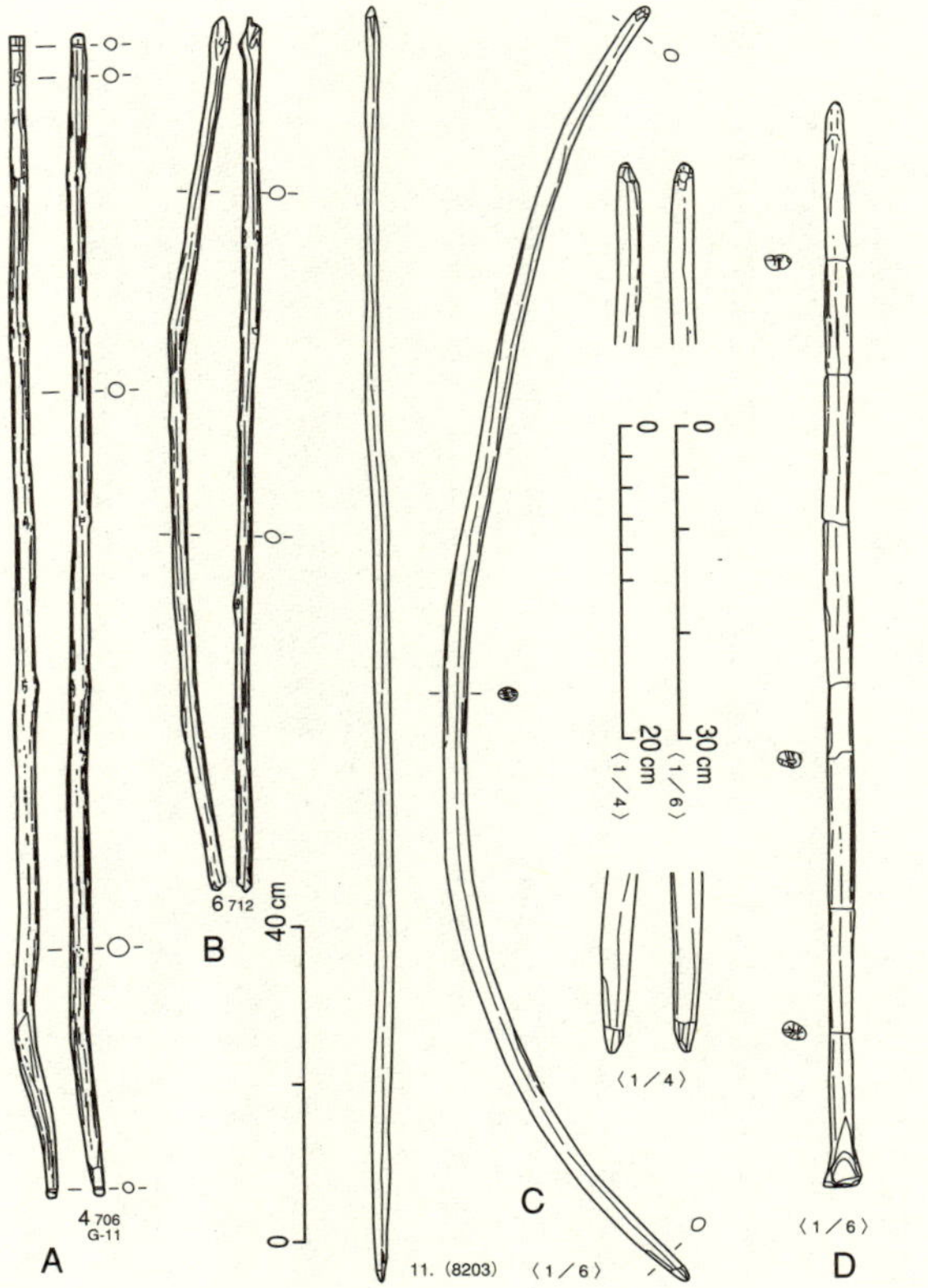

図７　縄文時代の白木の弓と尖り棒(鈴木 2002)
A、B：イヌガヤ製の丸木弓で、それぞれ長さ156cmと110cm。埼玉県寿能泥炭層遺跡(埼玉県教育委員会 1984)。C：鳥浜貝塚遺跡の削り出しの白木弓で長さ130cm(アカガシ亜属製)。D：鳥浜貝塚遺跡の丸木の尖り棒でムラサキシキブ属製。下側は平べったく削ってある(網谷 1996)。

せ、下の根株側を扁平にしたものでしょう。ムラサキシキブの材は非常に硬く粘りがありますので弓や掘り棒には向いていると思います。

飾り弓ではマユミを使うという伝統が既にこの時にできていたのですが、丸木弓の方はそうはいかないようです。縄文時代を通して他の遺跡では丸木弓にはイヌガヤが使われるのが一般的で(図7A、B)、カシの弓というのもないことはないですが少ないものです。実はこの遺跡でもイヌガヤの丸木弓は出ることは出たのですが、そのほとんどが長さ五十センチくらいかそれ以下の小型弓と言えるもので、どうも狩猟道具にはなりそうもなく、火起こしの火鑽弓とか、ヒスイの玉に穴を開けるために軸を回転させる弓とかに使われたものではないかと考えられています。このように丸木弓はイヌガヤ、というのは別な起源がありそうです。余談になりますが弥生時代になってもイヌガヤの丸木弓はあるのですが、用材は多様化し、東海地方ではマキ科のイヌマキがイヌガヤに取って代わるという現象もあります。

土器と並んで縄文時代になって使われるようになるのが木の器です。今のようにろくろで挽いてというのはずっと後の時代になってからで、この頃のものは、いわゆる刳物です。大きなものはお盆のようなもの、槽のようなものから、小形のものでは皿、椀、水差し、三つ足がついた桶状のものなど、多彩です。それらの用材の樹種は、大形のものはケヤキ、トチノキといった材が使われていて、それらは現在まで同じ樹種選択がずっと続いてきたことを思わせます。そしてこの遺跡のすごさは立派な漆器です。我が国最古の漆製品と言われるものは北海道の旧南茅部町(現在の函館市)の柿の島B遺跡から出土した約九千年前のものですが、これは残念なことに火災により焼失してしまいました。鳥浜貝塚遺跡で最もすばらしい漆製

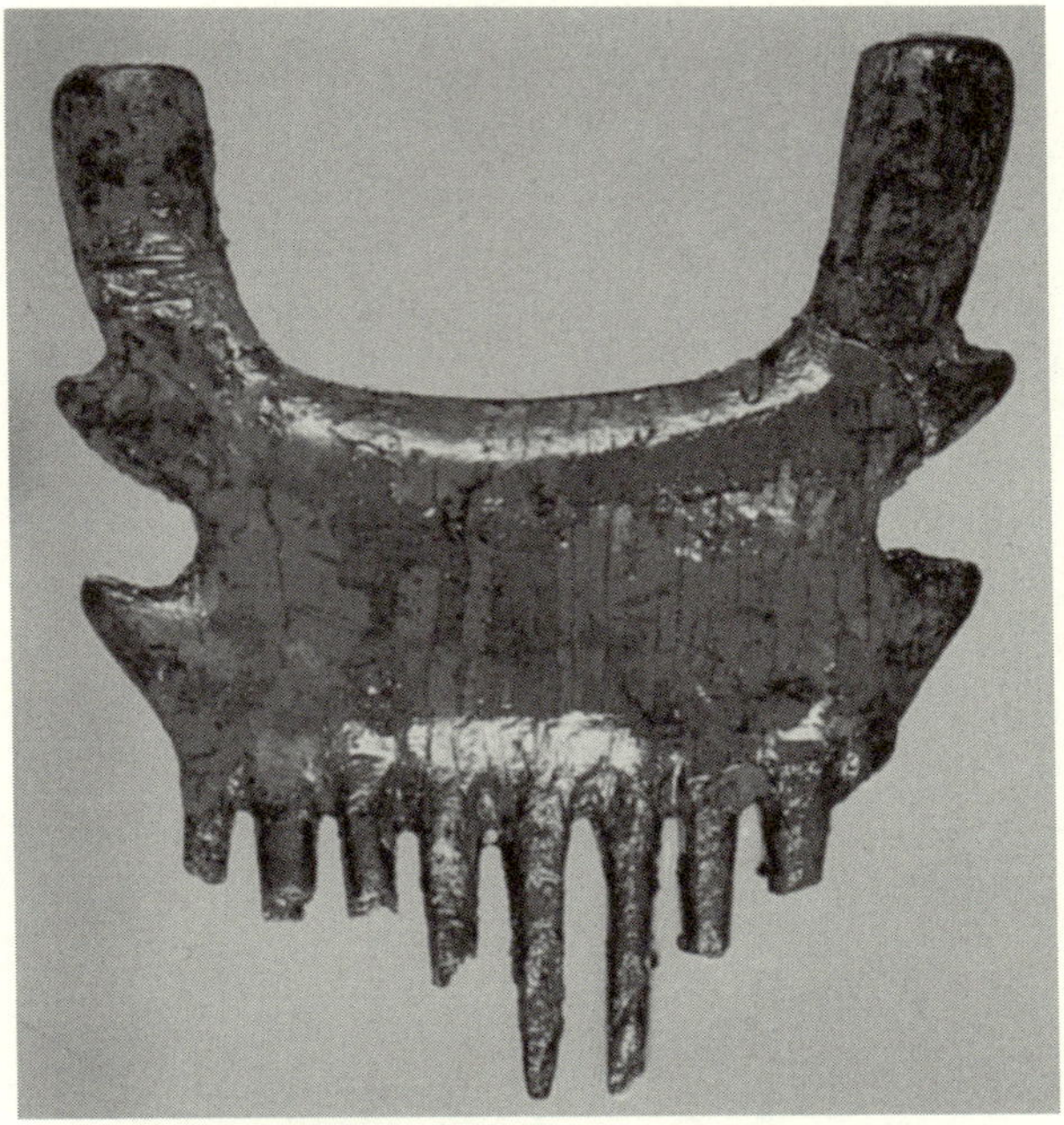

図 8　縄文時代前期の朱漆塗りの櫛（鳥浜貝塚遺跡、福井県；福井県教育委員会 1979、福井県立若狭歴史民俗資料館提供）。材はヤブツバキ

品は朱漆が施された櫛で、材はヤブツバキを使っています。硬いツバキの木を削り込んで仕上げたもので見事な工芸品です（図8）。漆塗りの椀、皿などもあり、色も朱ばかりでなく黒も使われ、漆製品が決して珍奇なものではなかったようです。

その他、丸木舟にはスギ、櫂にはケヤキやヤマグワ、板材や柱材はスギといったように手当たり次第というのはなく用途毎に主な樹種がほぼ決まっています。このような鳥浜貝塚遺跡で見られた木材利用がその後あるいは他の地域でのそれとどうなのかというと、スギの多用や先ほどのユズリハの石

斧柄、カシの弓などを除くと他の遺跡、時期とも共通するところが多いのに気づきます。イヌガヤなどを除けばほとんどが広葉樹で、実に様々な樹種を特性に合わせた木材利用文化の原型が既にできていたと言えるでしょう。

針葉樹三国時代

このように広葉樹中心の木材利用というのは弥生時代の前半まで続きますが、後半になってくると様相が違ってきます。図9は弥生時代から古墳時代の前期にかけての各地の遺跡から出土した主な樹種です。東北地方、関東地方など、未だクリ、クヌギ、カシなどの広葉樹が多い遺跡がほとんどですが、東海地方と北陸地方ではスギが卓越しています。一方伊勢湾から西、近畿、瀬戸内地方ではヒノキが多い地域が目につきます。さらに古墳時代の中期から古代となるとこの傾向は更に鮮明になります(図10)。大井川より西、近畿、瀬戸内はヒノキ、関東南部から東海地方、本州の日本海側はスギ、それに東北地方と吉野ヶ里遺跡がモミ、長野県はモミとサワラ、という傾向が見て取れます。この結果に更に新たなデータを加えて、ざっくりと地図に描いたのが図11です。ヒノキが東海地方西部から近畿、瀬戸内、スギが東海地方東部と本州日本海側、モミが東北地方と西九州、というわけで私はこれを針葉樹三国時代などと呼んでいます。実際には更に地域限定樹種として先ほどの長野県のサワラ、それに青森県のヒバ(正式名はヒノキアスナロ)が加わると五国になります。

このように見てくるといくつかの疑問が湧きます。まず第一には、なぜ針葉樹が使われるようになった

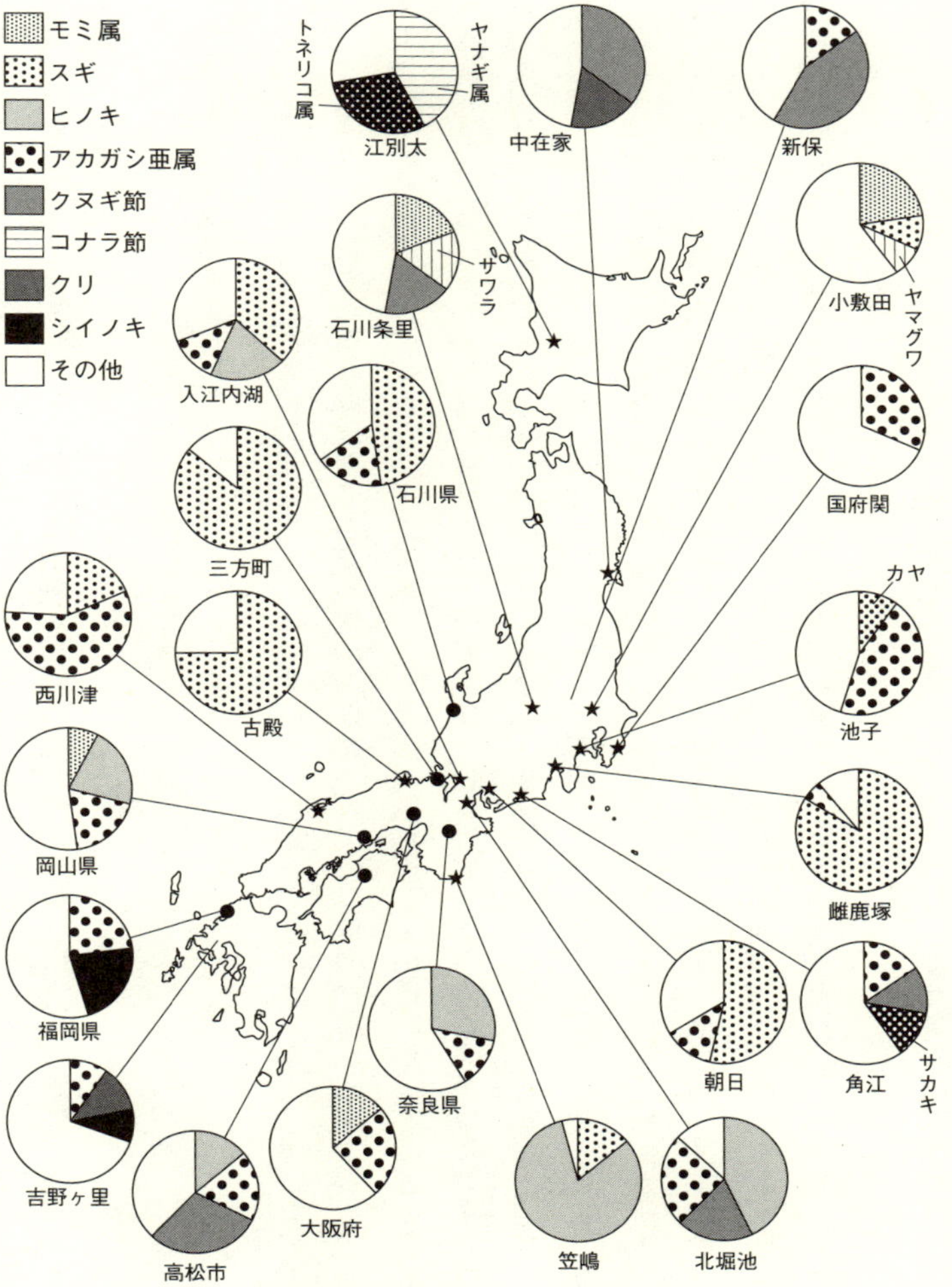

図 9　弥生時代〜古墳時代前期にかけての木材利用（鈴木 2002）

星印は単独の遺跡、丸印はその地域の複数の遺跡の加工木のデータを集計したもの。主要な樹種についてのみ表示してある。データは山田（1993）および引用文献掲載の遺跡報告書等に基づく。

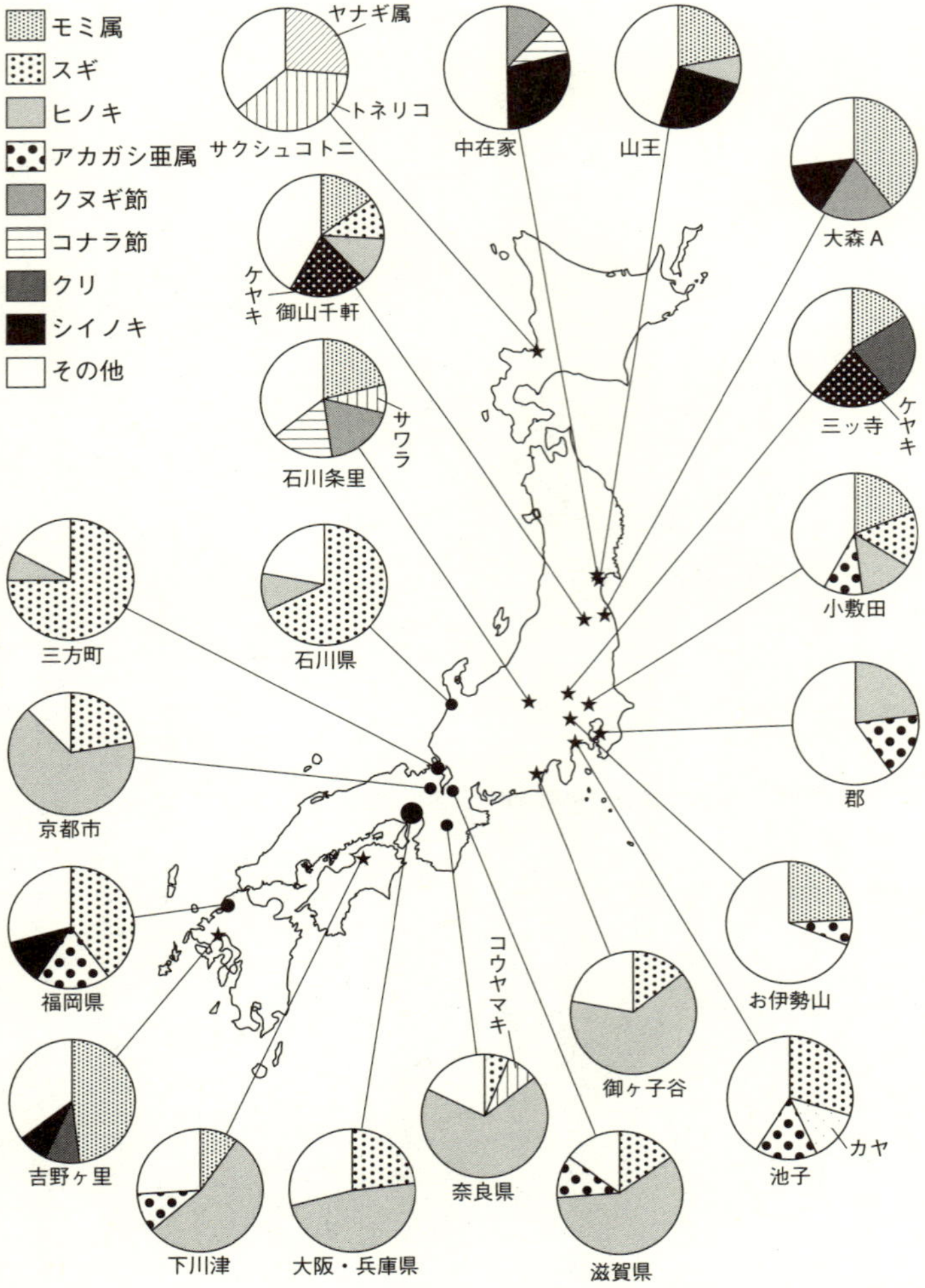

図 10　古墳時代中期～古代にかけての木材利用(鈴木 2002)
星印は単独の遺跡、丸印はその地域の複数の遺跡の加工木のデータを集計したもの。主要な樹種についてのみ表示してある。データは山田(1993)および引用文献掲載の遺跡報告書に基づく。

のでしょうか？　これには二つのことが挙げられるでしょう。それは木を伐る道具が石から鉄に代わったこと、もう一つは大陸の文化と制度が入って建築様式が変わっていったことです。石斧での伐採と加工は切削力とともにどうしても打撃が加わります。生木の状態での打撃はショックが吸収されて復原しやすいのですが、乾燥した材への打撃は顕微鏡的な微細な割れを生じます。だから縄文時代での木材の加工は乾燥させないで行われたと山田さんは考えておられ、それでも打撃に強い広葉樹材が選ばれたことでしょう。一方鉄の刃物では柔らかい木は非常に効率よく伐採加工ができ、堅い木は刃こぼれの原因ともなり、敬遠されたことでしょう。従って、石器に代わって鉄器が普及し始める弥生時代の後半からだんだん広葉樹から針葉樹にシフトしていったものと考えています。大陸の文化が流入し、屋根瓦を乗せた大きな建物が建てられるようになると通直な柱や材が大量に必要になります。もちろんケヤキなどは大型建造物に

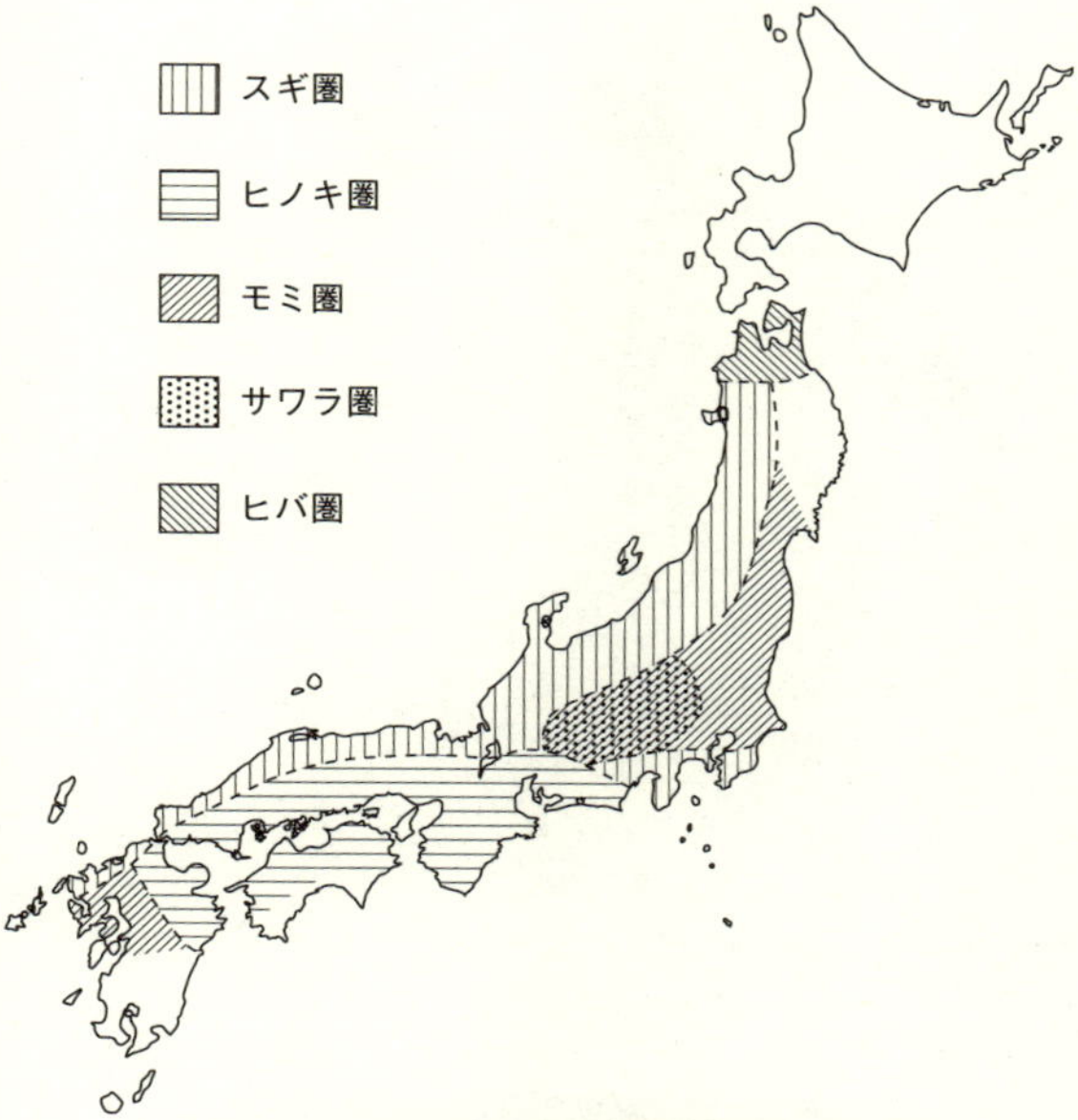

図 11　古代の木材利用樹種圏（鈴木 2002）
白地はデータがなくて分からないところ

れたのでしょう。

使われ続けましたが、量的な問題もあり、土地それぞれで大材がまとまって得られる針葉樹に目が向けられたのでしょう。

次の疑問は「なぜ場所によって樹種が違うのか」です。古代の針葉樹材利用の中心は大和政権の成り立ちから分かるように、もちろん畿内です。奈良、京都、大阪という地域で中国の制度にならって都が造られるようになるわけですが、中国の都が石と木でできているというならばわが国の都は木と石でできているとも言え、木が中心です。この畿内の地で、材質が優れていてしかも量的にまとまって得られたのがヒノキです。法隆寺など今も残る木造建築はもちろん、平城京跡の発掘で出土する建築材の大きな部分がヒノキであることは皆さんよくご存じです。ところが、地方では都のようにヒノキで役所やお寺を建てたくてもヒノキがありません。そこでスギの多い東海地方と本州の日本海側の地方はスギで、スギもヒノキもない東日本ではモミで、という具合にそれぞれの自然植生を反映した用材の結果がこの針葉樹三国時代の地図となったわけです。

この三国時代は長くは続きません。天然にある森林からひたすら木を伐りだして使っているわけですので、平安時代の後半になってきますとこれらの資源が枯渇します。樹齢三百年のヒノキを再び得るには三百年かかるわけで、更に困ったことには木を伐り過ぎたため、山が荒れてしまい、下流に洪水を起こすようになるとともに森林が自然に再生しなくなってしまいます。特に中国地方では砂鉄を得るために山を崩して土砂を川に流し、採った砂鉄の製鉄のために大量の木炭を消費するということで千五百年も前から荒れ山となってしまいました。そんな荒れた山に生えることができたのがアカマツです。今ではマツがある

図 12　広重の東海道五十三次、舞坂（保永堂版東海道五十三次、MOA 美術館所蔵）

のが当り前の風景ですが、実はマツが初めに増えだしたのがこの中国地方、それからだんだん広がっていき、関東、東北などで増え出すのは実に江戸時代になってからのようです。これは社会が発達し、人口が増え、経済活動のため山林の伐採が激しくなったためと同時に、海岸砂丘の砂防のためのクロマツの植栽が全国的に行われたことによります。白砂青松とは実は江戸時代に作られた風景である、というわけです。広重の東海道五十三次を見ていますと、砂丘に植えられたマツの若木を描いたものがいくつもあります（図12）。また、京都を描いた洛中洛外図なども周りの山を見ますとほとんどがはげ山で松の木がぽつりぽつりという程度にしか生えていません。このように、自然林の伐採と裏返しでマツが増えて来たわけですが、それが今、マツノザイセンチュウという病気で急激に減っていっていることも皆さんよくご

存じです。病気が松を枯らす直接の原因であることは間違いないことですが、その背景にはマツ林を利用しなくなったことにより、マツが生育しやすい環境がなくなってマツが弱ってきたことが大きく影響しています。

さて、ヒノキ、スギ、モミといった針葉樹の天然林がなくなってしまった結果、造林、植林と言うことが活発に行われるようになります。その時、何の樹種が選ばれたかというと、これも皆さんよくご存じのようにスギの天下となります。材質はヒノキの方が優れていることは誰でも認めますが、人工的に育てて材を得るとなるとコストパフォーマンスが大事になります。ヒノキは材価は高いけれど成長が遅いし生育地を選ぶのに対してスギは乾燥が激しくさえなければ何処でも育つし成長が早く、数十年で売りに出せる、というのが一番です。自分が植えて早いものは自分の代で収穫できるし、少なくとも子供の代には間違いないのに対し、ヒノキだと孫まで待たなければ収穫できない。そんなわけでスギがヒノキや他の樹種より遥かに多く植林され、スギ文化という状態で現代まで来ました。ところが、今ではスギは植林されたまま放ったらかしにされています。もともと自然植生としてスギがあったわけではないところに大量に植えられ、手入れもされないので、正常な成長は望めず、美林にはほど遠いものとなり、さらには花粉症の元凶として忌み嫌われる始末で、誠にスギは泣くに泣けない状態といえます。

氷河時代が終わって温暖化する日本列島に森林が広がり、その森が縄文社会をはぐくみ、そして弥生時代、古墳時代、古代と、天然林の恵みにもっぱら頼って社会と文化を発展させてきた日本が、自然林の減少を補う人工林や里山を通して更に木の文化を保ち続けて現代まで来たのですが、ここにいたって人々の

生活が森や木から離れてしまい、その価値を見失いかけているように思うのは私一人でしょうか。木のぬくもりの中で木と対話をしながらの人生を送りたいものです。

●参考文献

朝日新聞社 週刊朝日百科「世界の植物」48号、一九七六
網谷克彦『鳥浜貝塚出土の木製品の形態分類』、鳥浜貝塚研究1：1‐22、一九九六
鈴木三男『日本人と木の文化』八坂書房、二〇〇二
埼玉県教育委員会「寿能泥炭層遺跡発掘調査報告書―人工遺物・総括編―（遺構・遺物）」、六七九頁、一九八四
福井県教育委員会「鳥浜貝塚」一九七九
宮川村教育委員会「宮ノ前遺跡発掘調査報告書」一九九八
山田昌久『日本列島における木質遺物出土遺跡文献集成―用材から見た人間・植物関係史』、植生史研究特別1号、二四二頁、一九九三

第4章　木の肌ざわり ―風合い―

綾部　之氏　プロフィール

京木地師・京都木工芸(協)副理事長。

伝統工芸士あるいは京の名工として、さまざまな木工芸品の製作をおこなっておられます。実際に京都駅近傍に仕事場をかまえてろくろ細工・木具の仕事をされています。これまでの代表作を1、2例紹介しますと、国立科学博物館の常設展示品でかつ重要文化財である「万年時鳴鐘」の復元・複製の製作責任者として仕事をされました。また、正倉院の箜篌(くご)の復元・複製にもたずさわられました。主要著書には京都の伝統工芸の名工50名で編纂した「京都職人―匠のてのひら」(水曜社、2006)などがあります。

工芸としての木

木を使う仕事には、木造建築物から、工業製品まで多岐に渡ります。ここでは、いわゆる「伝統工芸」としての木工芸(調度品や茶道、香道の道具類、寺院荘厳具等)としての木についてお話しします。

日本には、建築や工芸品の用材として約六十～七十種(針葉樹十五～二十種、広葉樹が四十～五十種)の有用樹種があるといわれております。

木に対しまして、「素材」とか「有用材」とか何気なく使ってきましたが、長年、木の手仕事をしてきた作り手の一人として、今この言葉を使うことに少しためらいを感じております。「樹木」は、この地球上の生命体のひとつであることを、もっと深く意識の基においていいんじゃないかと思っています。

古来、人々は「山川草木」には神が宿ると考えてきました。古木、老木は神の依代《よりしろ》であり、今でも古社では神木として大切にされている樹木がたくさんあります。また、倭名類聚鈔(平安時代中期)には、木霊という言葉が出てきますように、かつて人々は、自然のモノ、樹木に畏れと敬いの心をもっていたのでしょう。そのような想いが、我々と同じ有機物である木に対し、「ぬくもり」とか「手ざわり」とかの言葉で表されるのでしょうし、「安心感」も与えてくれるのでしょう。

われわれ工人は、そのような木に無機的な刃物を入れてゆきます。そこには単なる工芸用材としてではなくて、畏敬の念を、心の一隅において仕事に向かわなければならないし、木を粗末にあつかってはいけないと思います。ですから、今まで木の負の部分のようにあつかわれてきた、節や陽疾《あて》、入皮や虫食い、

白太[注1]すらもひとつの木の景色として愉しみ遊び貴んでゆきたいと思っております。

ここでは通例として、有用とか素材とかの言葉を使うとして、先人達の「樹木」の特性を見分けてきた眼力には、すごいものがあると感服します。広葉樹、針葉樹の基本的な木質の違い。重い木か軽い木か、ねばりのある木かさくい木か、硬い木か軟らかい木か、水に強い木か弱い木か等の見分けだけではなくて、同じ樹種でも、土の味、風の向きや強弱、寒暖、陽当りか日陰か、平地か斜面か、それぞれの木質の違いを見分け、適所に使うことを経験として体得してきたのでしょう。

例えば、スギ(杉、椙)はヒノキ(桧)マキ(槙)と共に真木といわれ、日本の代表的な樹種の一木ですが、秋田杉・吉野杉・飫肥《おび》杉・智頭杉・屋久(薩摩)杉・日田《ひた》杉、京の近くには北山杉・久多杉、また、奈良の春日杉等々、これが同じスギ科スギ属の木かと思う程に違う木理を表わすものが多いです。また造林材と希少な天然材でも大いに異なります。このようなスギを、その木理[注2]や色合や樹脂の多少等により、建築用材、化粧材、工芸用材として使い分けてきました。

我々は、樹種だけではなくて、自然の贈りものである、天然の趣向「意匠」を大切にしてきました。豊かな表情を持つ意匠、それは年輪[注3]であり、「あく」「しぶ」と呼ばれる独特の表現方法を持つ縞柿《しまがき》、またそれにより時を重ねるごとに、深い色合いに変化してゆく山桑や一位(水松)。その変化を「時をかけて愉しもうとする心」、それが日本の木工芸の誇れる特色なのではないでしょうか。そして、それらの木に過ぎず足らずに刃物を入れてゆくことは、木の手仕事に携わる者たちの密かな矜持でもあり、愉悦でもあります。

さて、木工芸のあるべき姿として特筆されるのは、現代においても、正倉院の宝物の木工品の一群でしょ

図１　朽木菱形木画箱（正倉院、奈良市）

う。例えば「朽木菱形木画箱」（図1）「黒柿両面厨子」「赤漆文欟木御厨子」などです。

この時代の人たちが、木工技法と共に、木そのものの意匠を知悉しており、大切に想っていたことは驚きですね。もう正倉院は超えなければと言う人もいますが、越える越えないではなくて、矢張り木工品においても「原点」であるでしょうし、先にも言いましたが、その時代にもう木理の美しさを引き出していたことは凄いことですね。

木工芸の流れ

「工芸」とか「美術」とかは、明治以後の言葉で、パリ万博の後ぐらいと聞いております。江戸時代以前は、職人仕事でしょう。

縄文時代、弥生時代、古墳時代、古代の出土品の刳舟・刳鉢・木器・弓・杓子、木櫛・等々は指物のようなモノや刳物のようなモノであっても工芸的とは呼べないでしょう。「工芸」として称されるとしたら、正倉院の宝物として遺存されている品々からでしょう。

奈良時代には官営の作業場、「内匠寮《うちだくみのつかさ》」や「筥陶司《はこすえのつかさ》」等で、皇族のための調度品として、机・逗子・櫃・等々がつくられ、平安時代に入ると、貴族達の私営の作業場「作物所《つくものどころ》」で調度品が、大寺では宗教用具等がつくられていたと思われます。

庶民の生活用具や信仰用具等が盛んにつくられるのは江戸時代に入ってからであり、江戸時代頃から、木工の諸職（指物や彫物・箍《たが》物等）が専門職化していったのだろうと考えられています。例えば「指物」という言葉も江戸中頃の「和漢三才図会」に出てきます（図2）。

図2　指物師（職人尽発句合　寛政9（1797）年）

平安・室町・江戸時代には加飾が喜ばれ、漆芸が盛んになり、蒔絵や螺鈿・金銀箔の宮廷道具、大名道具が競って作られるようになります。木工芸としては、それらの器胎となる下木地づくりが主な仕事となってゆきます。そのなかで、茶道が普及し始め、特に、あるがままの「簡素な美」を求める「侘《わび》茶」が好まれるようになると、木地のものが多く作られるようになってきました。

このように、正倉院の時代の木の自然のままの意匠を生かそうとする美意識と、その後の加飾の美を喜ぶ美意識と、なかなかにおもしろいと思います。が、工芸品は使うモノ、手に触れるモノ、「用の美」とはそういうものでしょうね。

図３　電動による轆轤挽き（伊東隆夫撮影）

木工の技法のあれこれ

木工には、いろいろな製作のための技法があります。近代それが整理され、木工七種と呼称されるようになりました。「指物」「彫物」「挽物・轆轤《ろくろ》細工」「曲物」「箍物」「編物」「刳物」がそうですが、これらの枠内に入りきらない木工職種もありますので一応目安と思って下さればよいでしょう。ここでは、そのいくつかをお話しましょう。

轆轤細工

先ず、私の表看板である「轆轤細工」を参考にしてお話します。「轆轤細工」は挽物とも呼ばれ、木地師というのは本来的には轆轤細工の職人のことです。木の器物を回転させて、その器物を刃物で削って成形してゆきます（図３）。回転は左右両回転し、使い分けます。また轆轤細工の刃物のことを、轆轤鉋といいます。回

図４　轆轤挽き(手挽き)の風景と轆轤師(木地師)(東条恒雄 1942)

転させる動力こそ、紐を人の手で挽くことに始まり(図4)、自分の足による「足踏み」、そして現代の電力による回転となりましたが、技法そのものは、奈良時代から、殆ど変わらない形態を残しております。そして、原木から木の養生をおこない、道具類は全て手作りで刃物も「火造り」といい、鞴《ふいご》で炭を熾《おこ》し、鋼を熱し、用途(樹種や器物の形状)に見合った形状に刃先を造り、焼入れをして、自分用の刃物をつくります。そして火造りと同様に大事なことは木の養生です。それは無垢材を使う為に乾燥に長い時間を掛けます。丸太(原木)を芯から二つ割にして、しばらく寝かせ、用途に応じて盤に割り、また寝かせ、徹底して自然乾燥、陽が当らず、蒸せさせず、風通しを考えて、四季というより梅雨も大切ですので五季ですが、何回か五季を越してやっと成形に入ります。が、合子《あいこ》(蓋もの)の場合は、粗《あら》成形してまたしばらく乾燥させます。このように木の仕事は、轆轤細工に限らずに、木の乾燥に大き

図5　茶器（山桑・千年杉）（綾部 之製作）

な労力と時間を費やします。それは木のくるいを極力なくすことが重要だからです。木の「くるい」とは、捩れ・反り・歪み・割れ・縮み等を総称しての言葉です。このことは木は生き物であることの証しでもあるわけです。乾燥には、水の中に漬けて乾かす方法もあり、桐材については雨に打たせ、風に晒してアクを抜きながら自然乾燥を行うこともつけ加えておきましょう。

さて轆轤という言葉は、正倉院文書の中にも出てきますし、現存物として、薬合子や経筒が正倉院に残されており、また法隆寺の百万小塔（木製で陀羅尼経を納めたとされる三重塔）の存在は、当時の轆轤技術の確かさの証しでもあるでしょう。

轆轤細工には、同心円の円形、球形のものを一定数つくるのに適し、什器類（椀や盆）や宗教用具、茶道、香道の道具類を製作してきましたし、多くの方がご存知の小芥子《こけし》は百九十年程前に、東北地方の玩具として作られ現在に至っています。彼等のことは、こけし工人と呼ばれています。

木地師たちのおもしろさは、木材は原木から、刃物は手造りでという面と民俗学の上からも研究の対象となっているようです。それは律令制度に組み込まれなかった、非定住の特異な存在であり、夫婦で共同作業を行うという形、そして伝説の多さでしょう。例えば、近江の国永源寺の近くでの惟喬親王の伝説で

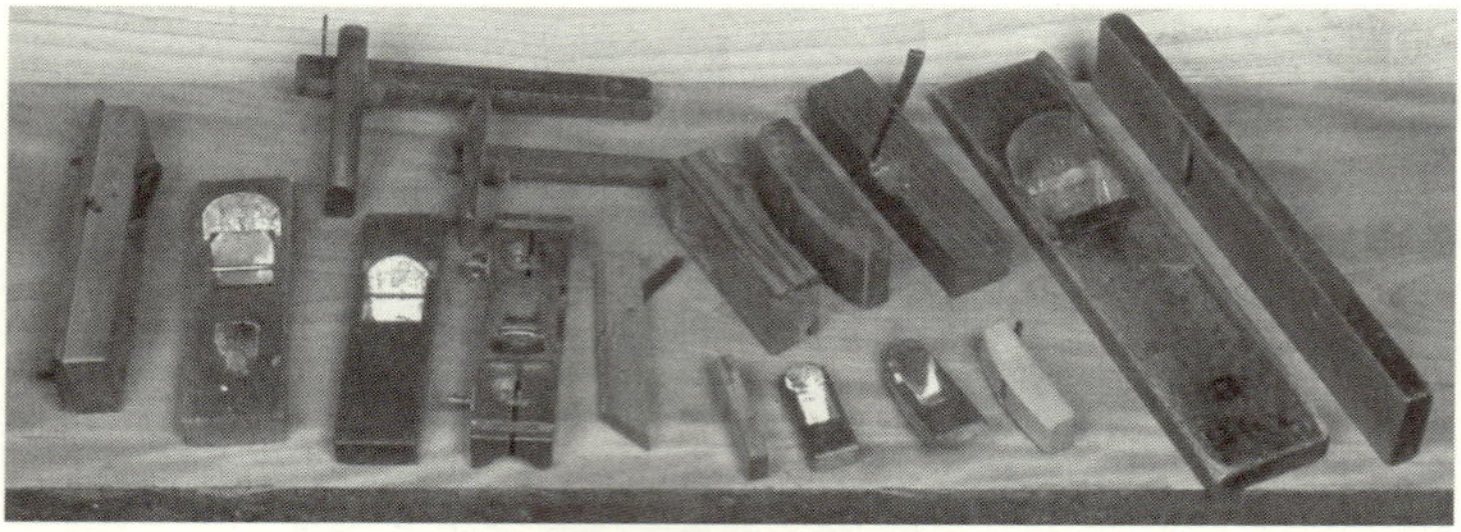

図６　指物用の刃物

しょう。これは全国に数多くある貴種伝説のひとつでしょうし、轆轤細工は世界中にあります。

少し話が外れたようです。簡略に他の木工技法を説明しておきましょう。

指《さし》物《もの》

板と板とを組んだり差し込んだりして、形づくってゆきます。今では、棚もの・箪笥・机・箱もの等をつくります。道具工具は室町前期頃までは鉋(やりがんな)鑿(のみ)横挽鋸(よこびきのこ)が主で、江戸初期頃より縦挽の鋸や台鉋(だいがんな)が急速に普及し、面取鉋・丸鉋等々木工具の隆盛をみます。なお今ある二板鉋(合わせ鉋)は、明治の頃と言われています(図６)。

図７　鉋がけの手元

製作物としては、正倉院に厨子・箱・櫃・机類に目を見張るような指物の木工品が残されております。図８は現代の指物師によって作られた一例で、このように奈良時代の製作技法が現代に引き継がれています。都が京に

図8　現代の指物師による杉小棚（井口彰夫 作）

移りますと意匠も曲線曲面を多用する「京もの」が作られるようなり、江戸期は茶道具類や町衆文化の影響で調度類が多種多様に作り出されていきました。

この頃が、手仕事の職人たちの華であったかも知れません。

彫《ほり》物《もの》

木彫刻は、仏像彫刻と共に歩み、安土桃山時代には社寺建築や書院造りの建築構成の一部として発展し（宮彫）、能・狂言の隆盛で「面打師」という職能分野も生まれました。江戸時代には根付が大流行し、彫もの師たちが活躍することになります（図9）。根付のあの小空間というか小宇宙というか、そのなかでの「遊び」と彫ものの技術。日本人には、ごく当り前としていたものの優品が、海外へ一気に流出したのは残念の極みです。彫り方には、丸彫り・線彫り・肉彫り・透し彫り・籠彫り等があり、「殴り」という、刃の跡をわざと残しての彫り方もあります。木彫刻には、版木・菓子型・扁額等も含まれます。

木の仕事には、他に曲物・箍物・和楽器・下駄・櫛・遊具等々ときりがありません。そして、それぞれ

が木の特性を熟知して使い分けを行い、技法や工具にも独自のものがあります。

木工芸のこれから

工芸の木として考えるとき、一番に頭に想うことは天然材の蓄積のことです。ヒノキやスギのように、造林材は大丈夫ですが、例えば山桑・縞柿・一位等々のような天然材はどうなるのだろうか。つき板にして合板や集成材ということも、これからはもっと広まってゆくでしょう。しかし、合板や集成材と無垢材とを想うとき、木の手ざわり・肌ざわり・香り・そして「ぬくもり」これらの言葉は、イメージの世界になってしまうのだろうか。少し暗然とします。

もうひとつは我々自身の問題です。それは、機械工具の目ざましい進歩です。決して負の部分だけでなく、正の部分も大きいでしょうが、今まで手仕事でコツコツと手技を磨いてきた事が、便利に安直に、それなりにキレイにできることが多くなりました。これは「技」のみの問題ではなくて、手仕事への、また畏敬の対象でもあるはずの木への「想い」までもが薄くなってゆくのではないだろうか。合板や集成材のように単なる素材となってしまいはしないだろうか。いろいろな想いのなかで、日々木肌に触れております。

図９　欄間を彫る木彫師
（人倫訓蒙図彙 1690（元禄３）年）

●注および参考文献

注1　節：樹木の枝の跡、生き節は景色として使う（地桧《ぢび》の板の例）。
陽疾《あて》：材としたら負の部分であるが意外とおもしろい。
入皮《いりかわ》：樹皮の一部分が木部に入りこんだ状態。
虫喰《むしくい》：昆虫などに喰われた穴の跡。

注2　木理《もくり》：木目のことではあるが、木目の変化の特殊なものを指すことが多い。

注3　年輪：ここでは木口、柾目、板目、杢（木理とほぼ同質）を総称して使う。

『職人尽発句合』、寛政九（一七九七）
東条恒雄『日本技術史話』興亜書房、一九四二
『人倫訓蒙図彙』元禄三（一六九〇）

第3部　仏像の木

カヤ（京都市・天寧寺

第5章　日本の木彫像の樹種と用材観

金子啓明 氏　プロフィール

東京国立博物館特任研究員・前副館長。

専門は日本東洋美術史で、特に日本彫刻史に強い関心を持っておられます。近年、日本古代の木彫像の用材観について、東京国立博物館と森林総合研究所との共同研究で新たな提案をされましたが、この研究の成果の一部は2006年秋に東京国立博物館平成館で開催された『仏像　一木にこめられた祈り』にも反映されました。主要著書には『運慶・快慶』（小学館、1991）、『文殊菩薩』（至文堂、1992）、『木の文化と一木彫』（東京国立博物館特別展『仏像』カタログ総論、2006）などがあります。

日本の仏像と素材

日本の彫刻は、明治時代以前においては、仏教及び神道関係の宗教彫刻が大部分を占めています。その中でも仏教彫刻、つまり仏像が圧倒的に多く日本彫刻の歴史は仏像を中心に展開してきました。

日本の仏像の素材を現存作例に即してみますと、①木、②金属（銅、金、銀、鉄）③漆（脱活乾漆〔麻布＋漆〕、木心乾漆〔木＋木屎漆〕）、④土、⑤石、⑥紙、などがありますが、国宝、重要文化財などに指定されている仏像をみると、①木が圧倒的に多く、次いで②金属のうちの銅が続きます。

このうち、飛鳥時代（前期は飛鳥文化、後期は白鳳文化）は銅と木の仏像が大部分を占めています。奈良時代に入ると、東大寺の大仏が建立される七四三年頃までは銅が前代に引き続いて隆盛するものの、その後急速に衰えるという現象が見られます。

一方、奈良時代には漆と土が流行しますが、平安時代に入ると衰え、その後、復活することはありませんでした。

また、奈良時代後半になると木が台頭し、平安時代初期から木の仏像が圧倒的多数になり、その傾向は近世に至るまで変わりませんでした。なお、石は日本で良質の材が産出しないこともあって傍流的存在で、金、銀、紙の仏像は数例が残るのみです。

飛鳥～奈良時代を除けば、平安時代初期以後は木彫像が常に主流を占めることからわかりますように、日本は木彫像の国であったといえましょう。世界の宗教彫刻をみても古代エジプト以来、中東、ヨーロッ

パ、アジアの諸外国では、石や金属の作例が圧倒的に多く、一部の地域を除きとくに木を好んで用いるという現象はみられません。日本が仏像を制作する時に少なからず影響を受けた中国の仏像を見ても、八世紀以前に遡る木彫像はごくわずかしか残っていません。また、韓国では朝鮮半島製であることが明らかな古代木彫像は一体もなく、残っているのは石と金属(銅、鉄、金)のみです。たとえ、制作されたとしてもごく少数(広隆寺の宝冠弥勒像を新羅製とする説がある)であったはずです。そうした観点からも、日本は世界的にも特殊な「木の彫刻の国」であったといえるでしょう。

日本の木彫像の樹種は、クスノキ、ヒノキ、カヤ、ケヤキ、カツラ、サクラなど多種にわたりますが、時代によって用材の流行に特色があります。これまでの我々の研究は、飛鳥～平安時代初期の木彫像の樹種と用材観を中心に行なわれてきました。とくに、奈良時代～平安時代初期の一木彫像については、材がヒノキであるかカヤであるかが彫刻史的に重要な問題となっておりましたが、独立行政法人森林総合研究所との共同研究により、科学的分析による樹種の同定とそれに基づく彫刻史的解釈を試みてきました。本稿では飛鳥～平安時代初期の木彫像を中心に解説することにしたいと思います。

飛鳥時代の木彫像

日本では六世紀前半に仏教が朝鮮半島の百済から日本にはじめて伝来した時からさほど遅れない時期に、木彫像がすでに存在していたと推測されます。現存の日本作例としては、飛鳥時代・七世紀前半頃に制作された法隆寺東院夢殿の本尊救世観音像(図1)が最も早い作例です。

図 1　木造観音菩薩像（夢殿安置）（救世観音）　奈良・法隆寺；奈良国立博物館提供

飛鳥時代（五三八年～七一〇年）の木彫像の樹種は、マツの一体を除き他はすべてクスノキを用いていることが従来から指摘されておりまして、クスノキで仏像を造ることが原則化していたことがわかります。マツの一体とは、京都・広隆寺が所蔵する二体の国宝の菩薩半跏像の一体（いわゆる宝冠弥勒）です。広隆寺像は、飛鳥時代の彫刻としては、特殊な用材であることから、現在のところ朝鮮半島とくに古新羅での制作を考慮する説が有力です。

しかし、広隆寺像は像の内部が内刳りされて空洞となっていて、背中に長方形の穴があり、これに蓋板を当てて塞いでいます。また、腰の両側からは帯状の腰佩を垂らすのですが、この蓋板と腰佩の材にはクスノキが使われています。

照葉広葉樹であるクスノキはよく知られるように、日本海の済州島までは自生しますが、朝鮮半島には生えておらず、中国でも揚子江流域から南方に自生する南方材です。つまり、朝鮮半島でクスノキを彫刻の材として用いる場合は、日本から輸入しなければならないわけです。

そもそも朝鮮半島には、三国時代にまで遡る木彫の仏像作例が残っていませんので、仮に広隆寺像が朝鮮半島産のマツで作られたとしても、蓋板等の部分材としてクスノキをわざわざ日本から輸入するということは考えにくいのではないかと思います。一方、マツは三世紀頃に日本に入った外来種といわれますが、六～七世紀にはすでに自生していました。

朝鮮半島の古代の木製品には、マツが多用されていますので、広隆寺像には朝鮮半島の用材観が尊重されているものと考えられます。しかし、部分材にクスノキを用いているということは、この像が朝鮮半島

の木材使用の意識を尊重しながら、日本で造られたと考えることも可能ではないかと思います。

さて、飛鳥・白鳳期の木彫像で興味深いのは、仏身だけでなく、光背や台座の蓮弁などもクスノキで作ることが知られていることです。また、金銅仏などの場合でも、台座を木で制作する場合（法隆寺金堂釈迦三尊像、同薬師如来像、同橘夫人念持仏阿弥陀三尊像等）には、構造材はヒノキで、蓮弁はクスノキで作っており まして、部分によって材を意識的に選択しています。蓮華は仏と一体不離の聖なるもので、他の部分と材を変えたと考えられます。このことからクスノキは仏像のための聖なる材と認識されていたことがわかります。なお、クスノキは、伎楽面や付属的な彫刻（法隆寺金堂天蓋の楽天や鳳凰等）にも使用されており、仏像だけでなく「聖なる彫刻」の材として認識されていたようです。

奈良〜平安時代初期の木彫像

奈良時代前半には、木彫像の現存作例はありませんが、後半になると台頭し、平安時代初期に隆盛します。奈良時代の木彫像については、従来、小原二郎氏の樹種分析の結果表により、遺例のほとんどがヒノキとされてきました。しかし、東京国立博物館と森林総合研究所との共同研究により、唐招提寺旧講堂と大安寺の木彫群（奈良時代）、神護寺の薬師如来像（図2）、元興寺薬師如来像（平安時代初期）というこの時代の代表作がすべてカヤであることが判明しました。

分析結果については、東京国立博物館研究誌『ＭＵＳＥＵＭ』５５５号（一九九八年）に顕微鏡写真を添えて公表し、同時に彫刻史的解釈を試みています。その解釈についてこれからお話したいと思います。

図 2　薬師如来立像　京都・神護寺提供

奈良時代は唐文化の影響を色濃く受けた時代ですが、唐では恵沼著の『十一神呪心経義疏』(日本では七四三年に書写されている)という注釈書に、十一面観音像を造る場合は「白栴檀香」(白檀)を用いよとあり、白檀がとれない場合には「栢木」をもってこれに代えてもよいと記されていることが注目されます。白檀はインドで初めて制作された仏像が栴檀(白檀)製であるとする伝説があって、仏像の材としてきわめて珍重されました。しかし、白檀は中国や日本では自生しないため、白檀の代用材が求められたわけです。『十一神呪心経義疏』の栢木説は、その問題に一つの回答を与えることになりました。中国の唐文化の強い影響下にあった奈良時代の日本では、この説を根拠に木彫像が制作されたものと考えられます。

一方、当時の日本では、奈良時代前半に成立した『出雲国風土記』(七三三年頃)で、「栢」を「榧」に当てており、古くから栢木をカヤと認識していたことがわかります。

奈良時代に仏像の材としてカヤが用いられた理由は、①中国における白檀の代用材としての栢木の認識からの影響と、②日本における栢をカヤと認定する、双方の解釈があって成立したものと考えられます。

その際、考慮する必要があるのは、当時、唐から日本に渡来した僧侶のことです。とくに、日本からの強い要請に答え、戒律伝授のために来朝した鑑真和上の存在は重要です。

唐招提寺は鑑真が開いた寺ですが、唐招提寺に残る旧講堂の木彫像(図3、4)のうち数体は唐時代の彫刻様式を色濃く残していて、鑑真の存命中に造られたと思われます。

その木彫像は、いずれもカヤ材製で鑑真に同行した僧侶、工人が直接関係したと考えられるのです。このことを考慮すると鑑真一行の中では、中国において「栢木」をカヤと見なしていた可能性も考えられ、

図 4　伝薬師如来立像
奈良・唐招提寺；奈良国立博物館提供

図 3 伝衆宝王菩薩立像
奈良・唐招提寺；奈良国立博物館提供

今後の検討課題となっています。カヤは中国では揚子江流域から南方に自生し、鑑真の活躍した地域とも重なります。唐招提寺木彫像から採集した微小木片からのDNA分析は困難ですが、将来何らかの形で可能となるならば、中国産か日本産かが明らかになることでしょう。そうなれば、この問題を解く大きな手がかりを与えることになるはずです。

但し、中国では「栢木」を特定の材にのみ限定的に考えていたかどうかは、明らかではありません。「栢木」という言葉からは、ヒノキ系の「栢槙」がもっとも考えやすいのですが、樹種の選択の幅は広かったと見るのが自然でしょう。

一木彫像の成立

また、一木彫像が日本に根づき独自の作風を確立するのは、神護寺像や元興寺像が制作された八世紀末頃とみられますが、その成立のプロセスについてはさまざまな見解があります。その中の有力な説の一つに、木心乾漆像の木心部が発達して次第に一木彫が成立したとする説があります。

われわれが報告した『MUSEUM』583号(二〇〇三年)では、奈良時代の木心乾漆像の木心部材や、脱活乾漆像の木組み材、塑像の心木材、木心塑像の木心部材などの作例についても分析しましたが、ヒノキ、ケヤキ、スギなどが用いられ、カヤはほとんど用いられていないことがわかりました。

一木彫像の主要作例がカヤですので、その他の樹種を心木として用いる木心乾漆像の木心部が発展して一木彫像が成立したとは考えられない、ということがわかりました。われわれは、その説が成立しないこ

とを『MUSEUM』で指摘しています。そして、われわれは、日本の一木彫像は「栢木」の概念のもとに成立したことがほぼ間違いないことをこの論文で指摘しました。

また、カヤは中央の一木彫像だけでなく、近畿、北陸、中国、四国、九州の寺院に所在する「都ぶり」を示す主要な像の場合にも用いられていることが、今回の分析で判明しておりまして、一木彫像はカヤで造るという認識が地方にも伝播していたことがわかります。

他方、一木彫像のうち、表面に木屎漆を盛り上げて造形する像の樹種は、カヤ、ヒノキ、キリなどがあり、作者が木彫像を意識する場合はカヤを、乾漆像を意識する場合はそれ以外の材を用いたであろうことも、この論文で指摘しました。

また、福島県の会津にある勝常寺の薬師三尊像(図5)は九世紀初め頃、奈良・法相宗の徳一という著名な僧侶が関わった像であると推測されますが。この像はカヤではなく例外的にケヤキを用いていることが判明しました。

その理由として、カヤの自生する地域が関東から北陸を結ぶ線の以南であって、それより北方地域にはあまり自生しないという植生上の問題が考えられますが、それと同時に、徳一は在地のケヤキに、カヤとは別の何らかの聖性を見出して薬師像の材としたのかも知れません。これは、カヤの少ない地域や、自生しない地域などでは、栢木についての別の解釈が生まれる可能性を示すものといえます。

以上のように、樹種を科学的分析により同定することで、日本古代の彫刻史を考える上で、いくつかの重要な問題を指摘することが可能となりました。それは彫刻史のみならず、美術史、ひいては日本文化史

図 5　薬師如来坐像（薬師三尊のうち）　福島・勝常寺；奈良国立博物館提供

を考える上でのヒントを提供したことになるのではないか、と考えています。

木片採集について

もとよりこの種の分析は対象が貴重な文化財であることから、材の採集には慎重をきさなければなりません。もちろん、誰でもが自由に実施すべきものではなく、当該分野の専門的研究者が在職する公的機関が責任をもって実施すべきものと考えます。

東京国立博物館には、幸い彫刻の専門研究者がおり、この種の事業を推進するに相応しい公的機関であると考え、木片の採集を行なうことにしました。対象は美術史的、彫刻史的観点から分析を行なう意味のある像に限定することにしました。

また、東京国立博物館は森林総合研究所に樹種判別の科学的分析について相談した時、まずは非破壊の分析方法についての可能性を打診しました。

しかし、現状では非破壊の分析は設備環境等々の諸条件から困難との返答を得ました。その折、東京国立博物館では、当面問題となる奈良~平安初期の像について、ヒノキかカヤかの判別が彫刻史的にはきわめて重要な問題となっていることを指摘したところ、両者の区別ならば採集した材が組織のよく残るものであれば、一ミリメートル程度の微小な木片でも分析可能との意見を森林総合研究所から得ました。また、その他の樹種についても判別の可能な場合もあるとのことでした。これならばわれわれが彫刻調査等で像に接する時に、木の干割れ部や像内等から、そのまま放置すれば塵芥として廃棄されるような極小の木片

を採集することも可能と考え、以後調査時には念頭に置くことにしました。

採集の時には、採集木片が後世に新しく補われたものでないことなどを確認しながら注意深く進めています。

また、はじめて公表するに際しては、国の文化財保護行政の経験が豊富で、修理事業等にも精通した研究者に相談をしました。その方の意見では、絵画、書跡の修理時などでは紙片が検出される場合も多く、画、書跡等で紙片が出た場合などは、それを分析に有効活用しており、公表もしているので問題がないとの見解でした。

東京国立博物館と森林総合研究所では、微小の木片の収集ではありますが、対象が貴重な文化財であるだけに細心の注意を払いながら、所蔵者の了承を得ることとし、また、国の指定品については所轄官庁である文化庁とも連絡を取りながら、「日本木彫像の樹種と用材観」をテーマとする調査研究を継続し、さらに発展させたいと考えています。

第6章　中国由来の仏像彫刻の用材 注1

メヒティル・メルツ氏　プロフィール

南京林業大学（中国）助教授。

専門は東洋美術史と木材の樹種同定。ドイツ出身で、木工芸職人の資格を有する一方で、フランスのソルボンヌ大学で美術史と考古学を専攻し、ドイツ語、フランス語、英語、そして日本語が堪能です。日本の伝統木工芸を題材に研究し、フランス、パリの自然史博物館で民族植物学の博士号を取得されました。その後懸案だった木彫像の研究のため再度来日して、日本学術振興会外国人特別研究員として活躍し、海外の美術館に再三訪問し、中国の木彫像の用材について研究されました。その成果については米国スミソニアン研究所のシンポジウムで招待講演をされました。現在は、東アジアの木彫像、建築および遺跡出土木材の研究に関心をもって中国で研究を進めておられます。代表的な著書に“The study of buddhist Sculptures from Japan and China Based on Wood Identification”（2007、共著）などがあります。

日本の仏像彫刻の用材に関する研究――始まりと現状

日本の仏像彫刻の樹種同定（顕微鏡観察によって樹種を特定すること）に関する研究は、これまで五十年以上の歴史があります。これらの研究成果は、美術史の研究者にとって、樹種選択の変遷についての貴重な情報源となります。同じ研究手法を中国の仏像彫刻についても適用できれば、有益な情報を得ることができるのですが、今日に至るまで中国の内外で、系統だった研究はなされていません。ですから、ここで紹介する研究成果は、非常に新規性のあるものですが、まだ緒についたばかりです。

はじめに、日本における仏像彫刻の樹種同定の研究史について紹介し、続いて、ヨーロッパの美術館に保管されていた中国由来の仏像から提供を受けた試料により、私たちが研究した成果について紹介します。樹種同定は正しい試料の採取および質のよいプレパラート（顕微鏡用標本）作製に負うところが大きいので、技術的な見地についても紹介します。

一九六三年に小原二郎は、一九五〇年から一九六三年にかけておこなった日本各地の歴史的な仏像彫刻六百十五体の樹種同定の結果について報告しました。[注2] そこでは、飛鳥時代から鎌倉時代にかけて宗教の違いを考慮に入れた樹種選択の変遷が示されています。一九七二年に出版された〝木の文化〟と題する著書を[注3]通じて、多くの方が同氏の研究を知りました。そこに示された、仏像彫刻に用いられた樹種の変遷に関する同氏の仮説は、一般に受け入れられるようになりました（図1）。

飛鳥時代には、アカマツと同定された広隆寺（京都）の宝冠弥勒菩薩像を除いて、すべての仏像彫刻はク

スノキ(*Cinnamomum camphora*)で作られていました。続く奈良時代には、木心乾漆造が始まることにより、ヒノキが木心として用いられるようになりました。小原二郎によれば、平安時代の初期には、ヒノキの白木一木造り、そして平安時代中期にはヒノキの寄木造りが始まったとされています。そして、この平安時代中期のわずかな期間、カヤ(*Torreya nucifera*)の木が使われた用例があります。

現在の研究では、カヤの木は、八世紀から仏像彫刻に用いられていたとされ、より重要な役割を果たしてきたと考えられています。東京国立博物館の二人(金子と岩佐)の美術史研究者と、森林総合研究所の二人(能城と藤井)の木材組織学者の共同研究による、七世紀から九世紀にかけての百体の仏像彫刻の樹種同定の結果が一九九八年と二〇〇三年に、連続して出版されています。[注4、5] それらの報告によると、一木造りは飛鳥時代に一旦途絶え、代わりに塑像や脱活乾漆造が一般的でした。その後、鑑真が(六八八~七六三)唐招提寺を建立した七五九年頃からはカヤの一木造、そしてカヤあるいはヒノキを用いた一木造りと乾漆の併用による仏像彫刻、さらにはヒノキとケヤキの木心乾漆造が始まり、これが平安時代へと引き継がれていくという流れでした。

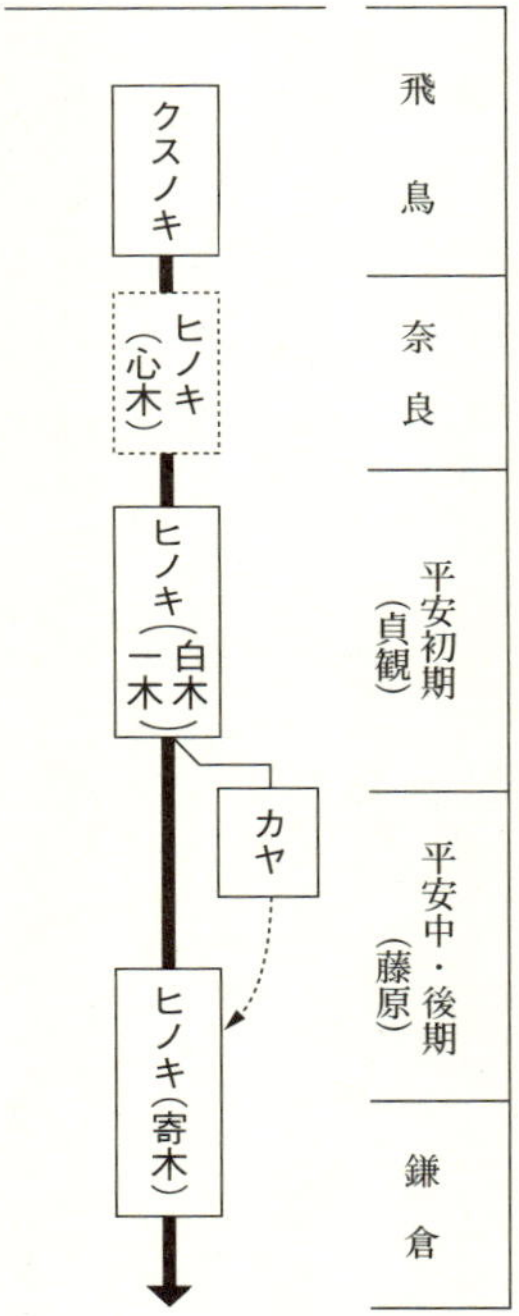

図1　日本の仏像彫刻に用いられた樹種の変遷(小原、2003の図を改変)

なぜ、クスノキが日本最初の仏像彫刻に使われたか

日本の仏像彫刻における樹種選択については、長年美術史研究者らが注目しており、新たに示された事実により、根本的に再検討されています。〝何故、日本人は最初の仏像彫刻にクスノキを用いたのか〟という疑問に対して、フランスの美術史研究者、フランソワ・ベルティエは、木工技術や宗教に関連して、いくつかの仮説を提示しています。[注6] ベルティエによれば、クスノキは現在の彫刻家には好ましい材料であるので、彫刻に特に向いているものと考えられてきましたが、実際のところ、交錯木理（図2）のために、彫刻が困難であることを明珍[注7]が指摘しています。この考えは現在の仏師である江里康慧の考えと相通じるところがあります。同氏は筆者らによるインタビューで、クスノキの繊維走行が不規則なので常に「逆目」で彫らなければならず、それゆえ、クスノキを彫るのは難しいと述べています。[注8] したがって、日本人がクスノキを選んだのはその材質のためだけではないのです。

さらに、最初の仏像の材料を選ぶのは大変重要な作業であると認めつつ、小原二郎は、中国由来の木彫像が南方の香木を彫りだしたものであると考えました。小原は日本に最初にもたらされた木彫像が作られた材料はクスノキであると確信し、クスノキが白檀《びゃくだん》の代用材として仏師に用いられたと考えました。[注9] 同氏はまた日本で仏師が仏像を彫りたいと思ったとき、香りのある木を探し求め、クスノキが日本で生育する木の中で最も香りのある木であったと付け加えています。ところが、ベルティエによれば、この仮説は大変疑わしいのです。何故なら、六世紀には白檀が中国南部からすでに日本に輸入されていたと考えられる

図2　縁側の板に使われていたクスノキの交錯木理（三重県国分尼寺、著者撮影）

からです。飛鳥時代の文献や仏像彫刻の様式においてもこの仮説を認める痕跡は見当りません。檀像を最初にわが国で真似たものは、九世紀よりも古くはないのですが、小型で、久野健によれば[注10]、ヒノキやサクラやカヤで作られており、日本ではクスノキで作られた檀像はなかったことが明白なのです。同時に、檀像は塗りを施していないのですが、日本のクスノキ製木彫像は完全に塗りが施されているか金泥《こんでい》を塗ってあるので、木の芳香は実際には塗りが施されていることなどにより発せられなくなっているのです。したがって、このクスノキでできた木彫像は香りを発するという檀像の重要な特徴を有していないのです。このことはクスノキが芳香のために選ばれたのではないことを示しています。

　さらに、他の理由があるのです。信仰の見地から見てみますと、六世紀の日本人が釈迦の教義に

惹かれずに、信仰の実践にあたる部分、言い換えればお祈りするというような仏教の実際的側面に惹かれたと藪田嘉一郎は説明しています。[注11] そして、木や石に代わって崇拝の対象にするために仏像彫刻が作られました。当時の日本人の目には、木彫像は単に造った物ではなく、木の魂が現れてくる有形の対象であったのです。したがって、最初に使われた木は神聖なものであらねばならなかったのです。その内在する価値のために、クスノキは神聖さを現わすのに適していると判断されました。この仮説は議論の余地があるのですが、ある意味では興味深いのです。

どうしてクスノキを使ったかについて、大変興味深い説が美術史研究者である小川光暘《こうよう》によって提唱されました。[注12] 同氏は仏《ほとけ》を神と関係づけました。飛鳥および白鳳時代の宗教的慣習では海からたどり着いたものを神として祈ることにありました。[注13]

神はあの世からやってきたと信じられ、客神《まれびとがみ》(異界からの来訪者)と呼ばれましたが、実際の意味は〝稀に来訪する神〟です。海を伝ってやってきた仏《ほとけ》も、新しさと不思議なことにより一種の客神《まれびとがみ》と考えられました。[注14] 海を渡ったこの客神《まれびとがみ》がクスノキで作られていると記されている船[注15]でたどり着いたことは驚くにあたりません。

クスノキからカヤ・ヒノキへ

八世紀以降になると日本人は近畿地方ではクスノキを捨てて、ヒノキやカヤの針葉樹を好み、樹種同定の結果が示すように、天然分布域を越えて成長する北方地域では、地方に生育する広葉樹を好むようにな

りました。前述のように、カヤは想像されていたよりも重要な位置を占め、奈良時代の木彫像にもっぱら用いられました。金子啓明の展開した仮説の一つはカヤの選択が七四三(天平十五)年に翻訳された『十一面神呪心経義疏』[注16]の影響に跡付けられています。この論評は十一面観音像の造像に白檀とされる白栴檀香《はくせんだんこう》が使われ、白檀が生育しない国ではカヤとされる栢木《はくのぎ》[注17]が代用材として使われました。この説は木彫像の歴史において斬新な考えであり、白檀の彫刻は材料が容易に手に入らなかったために広がることはなかったと金子啓明は述べています。[注4] この考えは鑑真(六八八〜七六三)が日本に到着すると同時に生まれたのですが、八世紀の用材選択に影響を与えたと考えられています。ヒノキに関しては、その材質が通直木理を必要とする日本の木彫像に最も適しており、長さ方向に割りやすかったのです。ちなみに、二人挽きの鋸が中国からもたらされたのは十五世紀でした。[注18] さらに、ヒノキは極めて反りにくいので、木彫像の漆塗りや金箔付けには理想的な心木でした。

これからも、木材組織学者と美術史研究者の共同研究は、お互いの研究領域に有意義な展開をもたらすでしょう。日本では、修理中の彫刻からの、樹種同定のためのサンプリングは難しい状況にありますが、仏像彫刻の樹種同定は今や日本の美術史において避けて通れないものとなっています。仏教がインドで始まり、紀元前三世紀にスリランカや南アジアにもたらされ、一世紀から二世紀にかけて中国へ、そして四世紀から五世紀にかけて韓国へ、続いて六世紀には日本へもたらされたことを考えると、仏像彫刻の樹種同定に関する研究は、日本と隣国相互間の交流についての有意義な知見をもたらすでしょう。日本で進展した樹種同定に基づく研究を近隣の国に展開するのが筆者らの意図しているところであり、目下、中国の

図 3　菩薩坐像（像高、90 cm）の背刳り部分を含む背面像（スイス、チューリッヒ、リードベルグ美術館所蔵、著者撮影）

図 4　図 3 の菩薩坐像の背刳り部分の拡大図。矢印が試料採取部位（著者撮影）

仏教と道教の彫刻に関する用材の研究を始めています。

中国の仏像彫刻の樹種同定

中国の国外にあって、原状のままの仏像彫刻から樹種同定のための試料を充分に採取することはとても困難です。今日、非常に多くの中国の木彫像がヨーロッパ各地の美術館に保管されています。筆者らは、以下の五カ所の美術館の許可を得て三十三体の仏像彫刻と五体の道教の神像彫刻についての木片試料の提供を受けました。

ドイツのケルン東洋美術館
ドイツのミュンヘン民族博物館
スイスのチューリッヒにあるリードベルグ美術館（図3、4）
フランスのパリにある国立ギメ東洋美術館
ベルギーのブリュッセルにある美術と歴史の王立美術館

では、次に、樹種同定のために、どのようにしてサンプリングを行い、プレパラートを作製したのか、その手順について説明します。さらにいくつか事例を示して、樹種同定の説明をします。

サンプリング

樹種同定のための小さな木片を、それぞれの木彫像からスカルペル（ステンレス製外科用替刃メス）を使って

取り出します。木彫像の全体的な印象を損ねないように、試料は、図2に示すように、背刳り、内刳りや像の足元、あるいはわずかな割れ目から採取します。多くの仏像は、複数の部材の組み合わせによってできており、場合によっては、後世の修理によって新たな部材が加えられていることもあります。そのため、サンプリングは、複数の場所から採取するのが望ましいのです。そして、どの部位から試料採取したかを図3のように写真撮影し、正確に記録しておくことが非常に重要となります。

プレパラートの作製法

木片を軟化するために、まず、数日間水に浸しておきます。そして、木口面、柾目面、板目面から、両刃の安全カミソリを用いて、徒手によって十μmから二十μm厚さの薄い切片を切り出します。次いで、ガムクロラールという封入剤を用いて、薄い切片をスライドガラスとカバーガラスの間に封入して、プレパラート（顕微鏡用標本）を作製します（図5）。作成したプレパラートは、光学顕微鏡で四十倍から四百倍の倍率（対物レンズ四倍から四十倍使用に相当）で木材の構造を観察します。それぞれの樹種は特徴的な構造を有しており、経験を積めば他の樹種との差異を見分けることができます。それらの特徴から、樹種同定を行なうことは、一般的には〝属〟のレベルまでですが、場合によっては、種まで同定が可能です。

顕微鏡で木材を観察するとどのように見えるかについて、ヤマナラシ属とキリ属を例にあげて説明します。木口面（図6および図7の左側の写真）をみますと、ヤマナラシ属では一年輪に道管が一様に分布することに以外の特徴はみられないのに対して、キリ属では一年輪内で道管の直径が変化すること以外に、道管

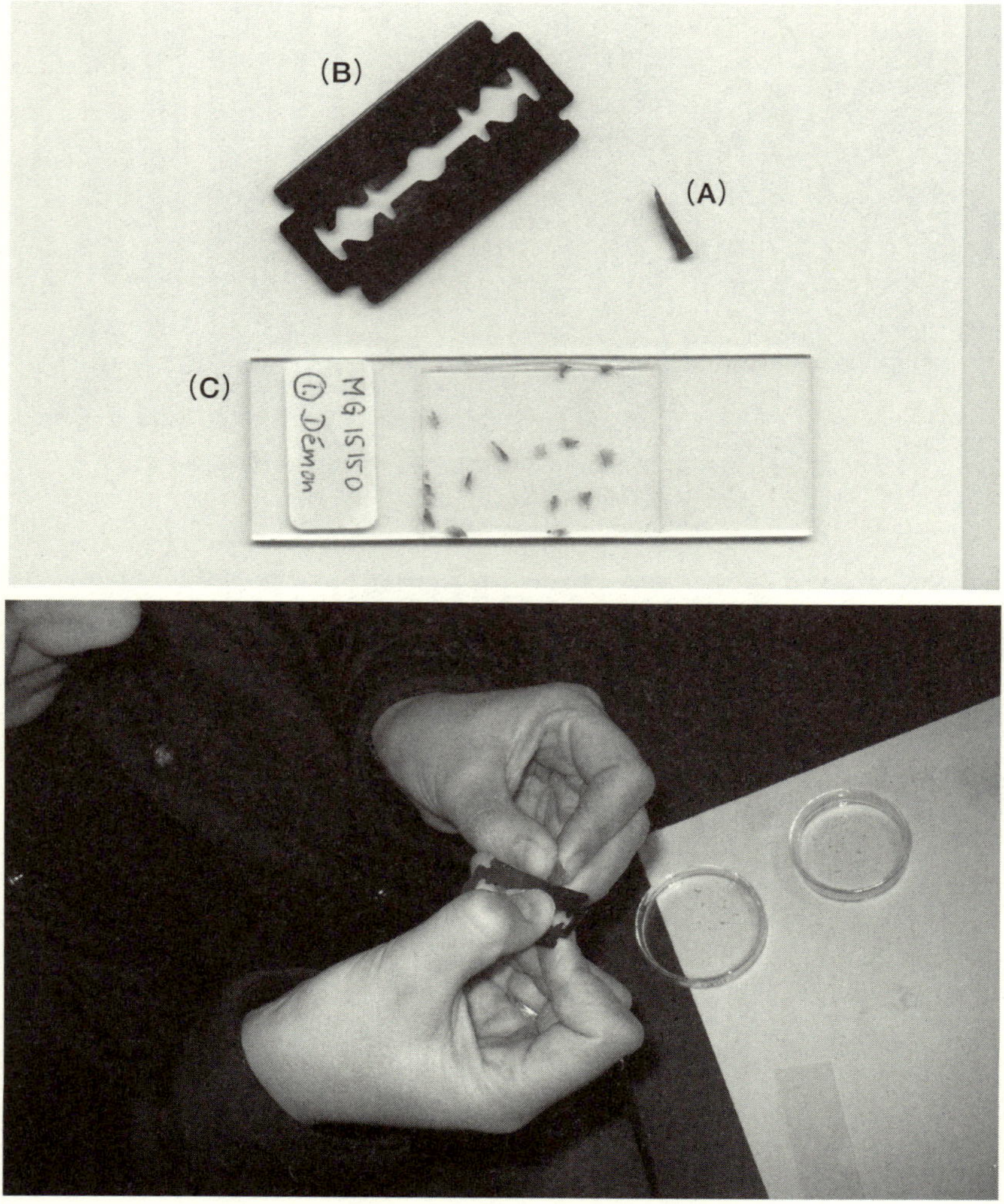

図 5　採取木片(A)を薄切りするための両刃の安全カミソリ(B)と得られた切片をプレパラートに仕上げた図(C)。下図は安全カミソリを用いて切片を切っているところ

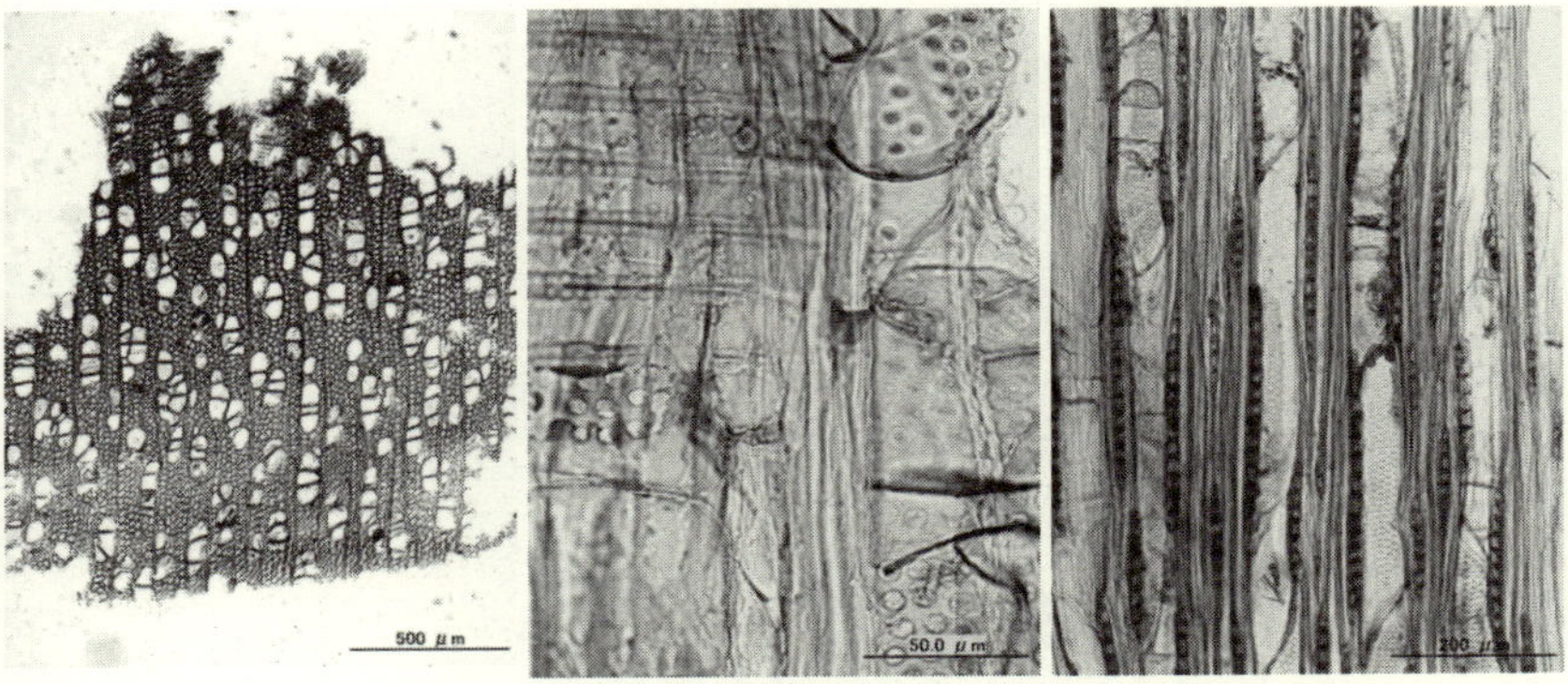

図 6　左、中、右の順に並べた一組の顕微鏡写真。ヤマナラシ属の例を示す。
左から木口面、柾目面、板目面像。

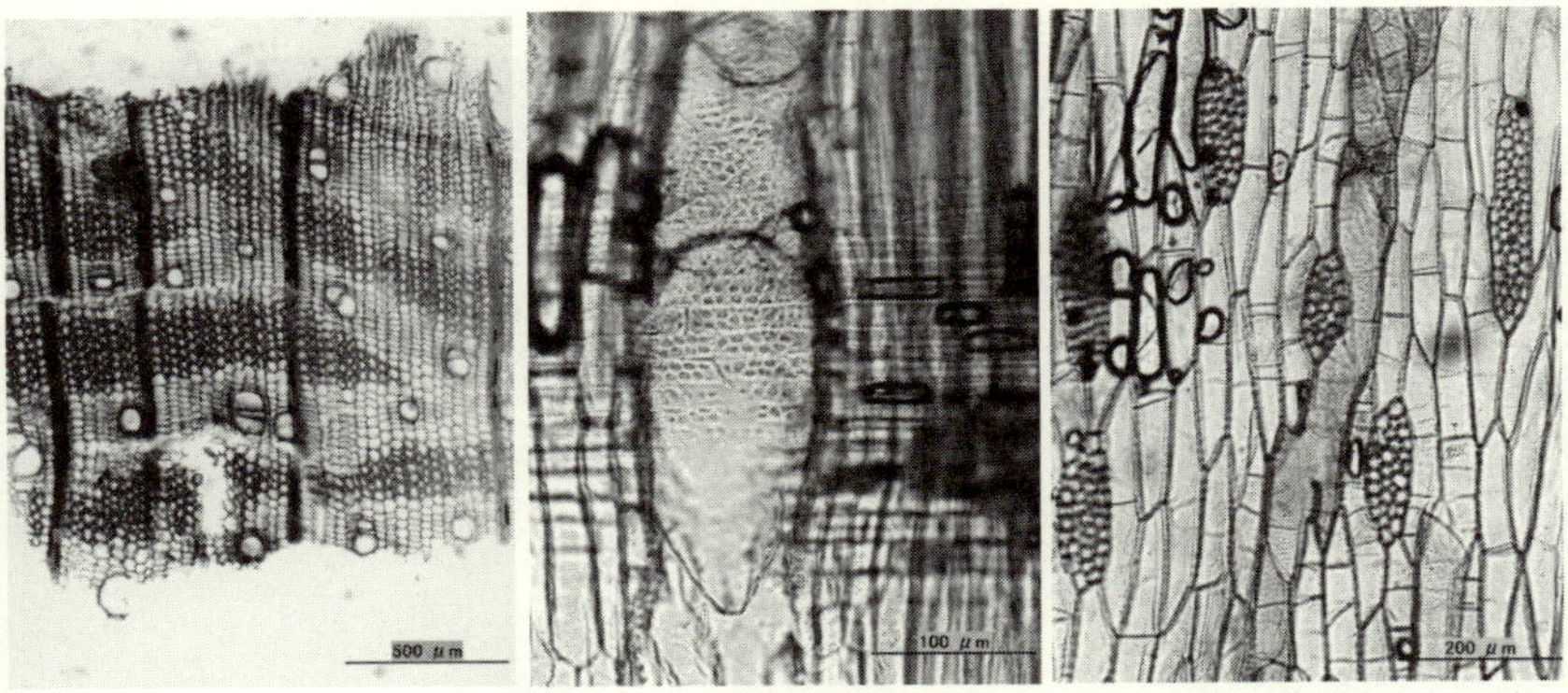

図 7　左、中、右の順に並べた一組の顕微鏡写真。キリ属も例を示す。
左から木口面、柾目面、板目面像。

表1　中国由来木彫像の樹種別同定件数（著者作成）

和名	学名	中国名	英名	件数
シナノキ属	*Tilia* sp.	duan shu 椴属	limewood, linden	8
ヤナギ属	*Salix* sp.	liu shu 柳属	willow	6
ヤマナラシ属	*Populus* sp.	yang shu 杨属	poplar	6
コトカケヤナギ	*Populus euphratica*	hu yang 胡杨	Euphrates poplar	1
ヤナギ科	SALICACEAE	liu ke 柳科	willow family	4
キリ属	*Paulownia* sp.	pao tong shu 泡桐属	foxglove tree	6
タイワンフウ	*Liquidambar formosana*	feng xiang shu 枫香树	Formosan sweet gum	1
未同定				2

が柔組織の帯で囲まれているのがわかります。このような木口面、柾目面、板目面それぞれの観察のためには、ある程度以上の大きさの木片が必要です。樹種の特徴を示すためには、マッチ棒の長さの四分の一くらい（幅はそのまま）の大きさがあれば十分だと考えています（図4）。

以上述べてきたような手順で作製した中国由来の木彫像のプレパラートを光学顕微鏡で観察しました。その結果、仏像彫刻に使われていた樹種で、属名まで明らかになったものは、ヤナギ属、ヤマナラシ属（図6）、シナノキ属、キリ属（図7）でした。種のレベルまで明らかになったものは、胡楊（*Populus euphratica*）であり、二〇〇二年に樹種同定した国立ギメ東洋美術館の木彫像を加えると、フウ（*Liquidambar formosana*）でした。また、道教彫刻については、コウヨウザン（*Cunninghamia lanceolata*）とクスノキ（*Cinnamomum camphora*）の樹種を同定しました。著者らが同定した三十二体（樹種不明の二体を含めると三十四体）の仏像彫刻についての結果を表1に示します。

これらの結果から、中国の仏像彫刻と日本の仏像彫刻に用いられていた樹種が大きく異なることがわかります。[注19] 小原二郎による六百

十五体の樹種同定結果のうち、わずか二体のみ、兵庫県の転法輪寺の阿弥陀如来像(天衣)がシナノキ属、奈良県の北僧坊寺の虚空蔵菩薩像がキリ属であったことが示されています。注2 また能城と藤井による百体の仏像彫刻の結果においても、唐招提寺の菩薩立像の一体のみがキリ属であったと報告されています。注5 すなわち、日本の木彫像ではシナノキ属やキリ属の樹種はきわめて例外的にしか利用されていないのですが、中国ではかなり高い頻度で利用されている傾向が認められるのです。中国の仏像彫刻に関する結果を日本の仏像彫刻に関する結果と比較すれば、同定された種の数は極めて少ないばかりか、これら西洋の美術館に保管されている木彫像の起源はほとんど不確かかいくらか年代が同定されている程度です。ですから、中国の仏像彫刻における用材の変遷史を今回の樹種同定の結果から語ることは早計でしょう。

今後の展望

世界的に見ても、樹種同定は重要な研究手法です。樹種同定の結果は、東洋の仏教美術史の諸問題について、日本、中国、韓国の三カ国の相互の影響を研究する上において新たな疑問を提示しますので、美術史研究者にとっても非常に興味深いのです。そして同時に、仏像製作の背景のより深い理解にもつながるでしょう。特にヨーロッパにおける学芸員や仏像修復家にとっても、それらの研究成果は興味深いものであり、材料として用いられているそれぞれの樹種特性をより理解するための助けとなるでしょう。

しかしながら、われわれのこの研究はまだ緒についたばかりで、樹種同定した木彫像の数はわずかですが、中国の木彫像に用いられた樹種が、日本の場合とはかなり異なっているという結果がまず得られたと

言えるでしょう。日本でおこなわれているように、樹種選択の理由を理解するために、今後さらに研究をおこなう必要があるでしょう。今後は、木材の手に入れやすさ、力学的性質、宗教的および象徴的見地から、中国の仏師によりどのように用材の選択がなされてきたかということに加えて、中国と同様に、韓国の仏像彫刻についても樹種同定や用材の分析を展開していきたいと考えています。

今後、より多くの仏像彫刻について、ヨーロッパの美術館所蔵のものだけではなく、中国と韓国の美術館においても樹種同定に取り組みたいと思っています。

●注および参考文献

注1　原文(英文)の翻訳を横山　操氏が担当し、伊東隆夫が校正した。

注2　小原二郎、一九六三、日本彫刻用材調査資料、美術研究、第二二九号、東京国立文化財研究所七十四〜八十三、本報告で樹種同定された総数は六百二十七点でしたが、光背や台座のみであったり伎楽面などは実数から除いた。

注3　小原二郎、一九七二、木の文化、鹿島研究所出版会。

注4　金子啓明・岩佐光晴・能城修一・藤井智之、一九九八、日本古代における木彫像の樹種と用材観―7・8世紀を中心に―、MUSEUM(東京国立博物館研究誌)、第五五五号、三〜五十三。

注5　金子啓明・岩佐光晴・能城修一・藤井智之、二〇〇三、日本古代における木彫像の樹種と用材観Ⅱ―7・8世紀を中心に―、MUSEUM(東京国立博物館研究誌)、第五八三号、五〜四十四。

注6　François Berthier(フランソワ・ベルティエ) 1979. *Genèse de la sculpture boudhique japonaise*. Paris: Publications Orientalistes de France(日本の仏像彫刻の起源).

注7　明珍恒男、佛像彫刻、大八洲出版、一九四六。

注8　Mechtild Mertz（メヒティル・メルツ）2003. *Wood and Traditional Woodworking in Japan as perceived by the Craftsmen / Le bois et l'artisanat traditionnel du bois au Japon: le regard des artisans*（職人の目を通してみた日本の木と伝統木工芸）, unpublished dissertation. Muséum national d'Histoire naturelle, Paris, 2 vols.

注9　小原二郎、上代彫刻の材料史的考察、仏教芸術 十三号、三～二十、一九五一。

注10　久野　健、檀像彫刻の展開、仏教芸術 四三号、三十一～五十五、一九六〇。

注11　藪田嘉一郎、飛鳥時代の木彫にもっぱら樟材が使用せられた理由、史跡と美術三〇号、四三五～四三七、一九三三。

注12　小川光暘、「吉野寺放光樟像」の文化史的背景、文化学年報 十三号、六四～九五、一九六四。

注13　松本信広、日本の神話、至文堂、一九五六。

注14　日本霊異記、日本古典文學大系七〇、岩波書店、一九六七、一九七四。

注15　坂本太郎、家永三郎、井甘光貞、大野　晋：〃日本書紀上〃、日本古典文学大系、岩波書店、一九六七。

注16　慧沼『十一面神呪心経義疏』（大正新修大蔵経）二十巻。

注17　「栢木《はくのき》」は中国ではヒノキ科の樹木、日本ではカヤに該当するとされる

注18　京の匠展、伝統建築の技と歴史、文化財保護法五十年記念、京都文化博物館学芸第二課編集、京都文化博物館、二〇〇〇。

注19　Mertz M. Itoh T., 2007, "The Study of Buddhist Sculptures from Japan and China Based on Wood Identification" in: *Scientific Research on the Sculptural Arts of Asia: Proceedings of the Third Forbes Symposium at the Freer Gallery of Art* 198-204, Archetype Publications.

第7章　御衣木《みそぎ》について

江里康慧《えりこうけい》氏　プロフィール

平安仏所主宰。仏師。

先代の宗平の代より仏師の家系にあり、若い頃、仏師の松久朋琳・宗琳父子に師事し、独立後は仏師でもある先代の江里宗平に師事されて今日に至っておられます。これまで海外を含む全国の各宗派の仏教寺院や、一般家庭の仏像の制作を行ってこられました。仏像制作のかたわら龍谷大学客員教授、同志社女子大学嘱託講師等として教鞭をとっておられます。著書に『仏師という生き方』(廣済堂出版刊、2001)、および『仏像に聞く』(KK ベストセラーズ刊、ベスト新書、2003)などがあります。

日本の仏像は木彫像

さきほどは、金子先生から最新の研究内容をお聞かせいただきまして（第5章参照）、今まで桧《ひのき》と信じていた仏像がそうでなく、榧《かや》であったこととか、日本の木彫像がいわゆる木心乾漆像の木心が進化したものと信じておりましたものですから、非常に耳新しく聞かせていただきました。私はそういう仏像制作の現場に生きる者でございますので、仕事を通して日々、素材について、もの思うことがございます。今日はそういった立場から話を進めていけたらと思います。

我が国の場合、国が定める指定文化財のうち平成十六年九月現在、彫刻は二六三九件（国宝一二八件を含む）があり、そのうち木像は二二五三件（国宝九一件を含む）があります。この中には三尊像や、四天王、五大明王、十大弟子像、十二神将像、八部衆像、二十八部衆等かあり、また、三十三間堂の千手観音立像のように一〇〇〇体で一件のような群像も含まれるので、その点数においては木像が九十パーセントを越すことになります。

このように日本の仏像は、そのほとんどが木によって造られ、木造の建物に伝承されてきたために、永い歴史の中で、落雷や地震等の天災や、戦火そして失火等で消失した数は計りしれず、文献他に知られる歴史上造られた数量の中で、伝世する数は奇跡的に焼失を免れたごく僅かであるといえます。その他に金銅仏があり、塑像があり、乾漆像があるというふうにいえるのではないかと思います。

図１　仏師である江里康慧氏の作業風景

日本の仏像制作の歴史

飛鳥時代に仏教が伝来して、そして、その仏教が日本に受けいれられるかどうかということについて、それまで日本は神道の国でございましたから、そこで豪族間に軋轢が生じたことが知られています。やがて聖徳太子によって日本に仏教が根付くことになります。そうしますと次々とお寺が建てられ、そしてそのご本尊が必要になってくるわけであります。けれども、この飛鳥時代の日本と申しますと、まだ古墳時代の延長の時代であります。日本人が成し得る彫刻レベルは埴輪がそれでありました。

その日本に百済から贈られてきた金色にきらきら光輝くような仏像を造り得ることは出来なかった訳です。当然、請来されるか、渡来人の人々の手によりました。そこで造られる仏像は

多くは金銅仏でありましたが、一部、木彫像も見られます。それは先ほどの話にありましたように、樟《くす》に限定されるということでございますけれども、なぜ飛鳥時代の仏像が樟に限られたのかということについては、非常に難しい問題であろうかと思います。しかしその後、木彫像が姿をひそめてゆき、替わって次々と大陸から伝えられる新しい素材と技法によって仏像が造られるようになってまいります。その中には塑像という粘土で造られた像、それから乾漆像、つまり漆で造られた像等があります。

金銅仏は飛鳥時代から引き継がれてまいりますけれども、奈良時代の、仏教がもっとも隆盛を見た時代に仏教文化の大輪の華を咲かせます。東大寺の大仏に象徴されるように、絢爛たる天平文化が花開くわけでありますけれども、この東大寺大仏によって、日本の銅の資源は使い切ったのではないかと思われます。この大仏だけではなくて、この奈良時代は全国に六十二カ所でしたでしょうか、国分寺が配置されましたけれども、この国分寺の本尊は丈六の金銅釈迦像であったといわれております。この丈六の金堂像を全国に安置するには、これまた相当な銅を消費したことが考えられます。日本の仏像において、金銅仏が、これを期に、極端にその数を減らしているという流れが見えてまいります。

塑像、乾漆が栄えた奈良時代は中国の唐の文化を目指した時代であります。唐は仏教を背景にして人間を謳歌するような晴れやかな文化が花開きますが、そこで造形される仏像は写実を基本とした、仏、菩薩の姿をより人間に近い表現にと目指したようなところが見受けられます。そして日本の奈良時代はこの唐に倣ってより写実的な造形が見られます。そういった表現を目指すにはこの塑像や乾漆像は非常に適していたわけでございます。塑像は削ったり盛り上げたりということが自由にできます。そういったところか

ら、塑像による実に多数の像が造られました。奈良を中心として、その名作の一部が現在も遺されております。

そしてまた、乾漆は、しなやかで温かみのある信仰の対象としての像を造る素材としては表現に適しております。しかし反面、当時の漆の素材は非常に高価なものであったようであります。そして、さきほどこの工程の説明にもありましたように、脱活乾漆像というのは、粘土による粗形を胎として、その表面に漆を浸した麻布の層を重ねながら盛り上げて制作を致します。第一層が硬化してから次の層を重ねてゆきます。そして後で中の粘土を取り除きます。従って像の胎内は空洞となり、歪みが出ないように木骨にて補強がされます。漆が硬化するには温度と湿度を調整する必要から、完成までに相当の時間を要するという、扱いにくい素材でもあります。

奈良時代前半の乾漆像は、この脱活乾漆が中心であったようでありますけれども、後半には木でもっておおよその粗形を造り、その上に木屑漆を盛り上げて制作をする木心乾漆像が多く造られております。図2は塑像の構造が判る例でありますけれども、塑像というのは粘土で造られた像でありますが、それは粘土だけで形を作るわけではなくて、それを支える心木、あるいは木胎を用います。その上に、粘土を盛り上げてゆきます。木心乾漆の場合も共通したところがありまして、脱活乾漆の場合はこの塑像と同じ工程を経ます。

乾漆像は奈良時代の後半になりますと木心乾漆へと変化を見せてゆきます。これは脱活乾漆の粘土による粗形とほぼ同じものを狂いの少ない桧材を用いて彫刻します。その上に、木屑漆といわれる、木粉を混

図2　塑像残決、奈良時代8世紀後半（天福寺、大分県；仏教美術センター提供）

ぜたペースト状の漆を盛り上げて、造形をしてゆく方法です。それが、当初は非常におおざっぱな心材を用いていたわけでございます。この図3は塑像の心木でありますが、おそらく木心乾漆の粗形も、これに近いものであったことと思われます。おおざっぱな体部、卵型のような形の頭部に漆を盛り上げてゆき、きめの細かな錆漆で細部を成形して仕上げます。この方法ですと、漆の層がたいへん厚くなります。高価な漆を少なく済ますことと、工期を短縮することを目指しますと、この心木の完成度を高めていくことが求められます。

こうして次第に木心部が進化して、そして、ほぼ形が出来た状態の心木に

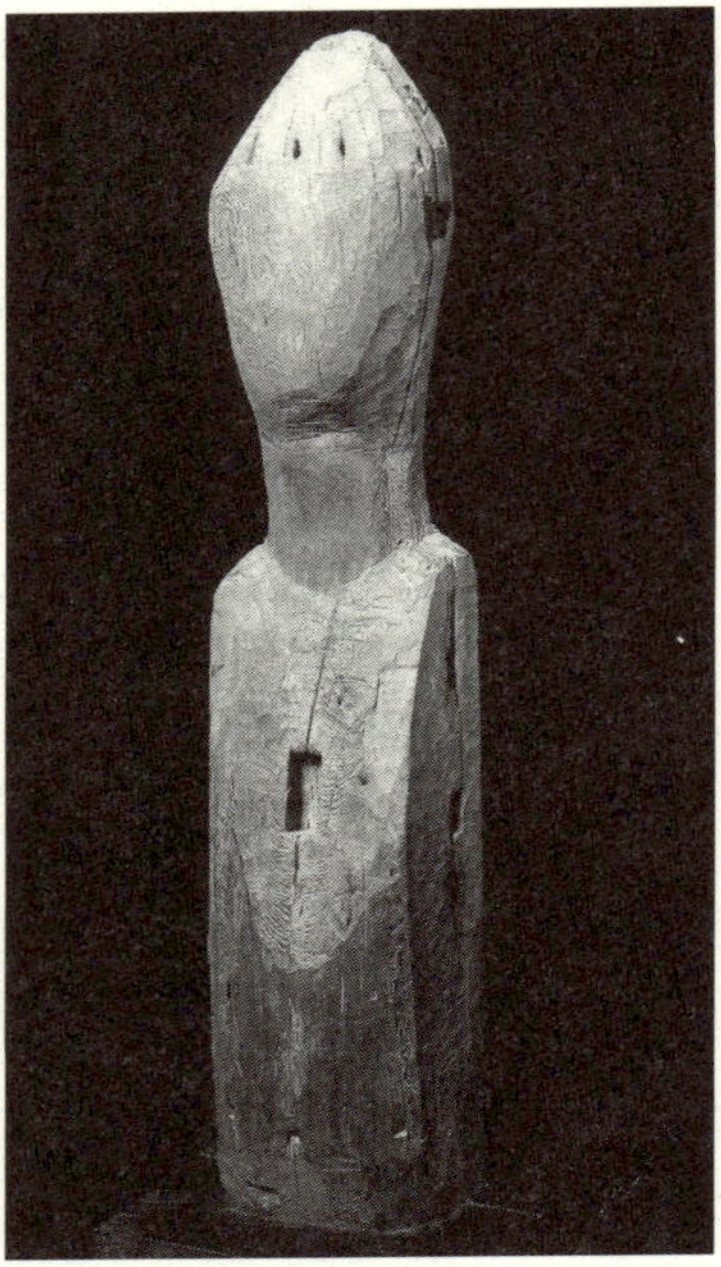

図3　塑像心木、奈良時代、偶高192 cm
（観世音寺、福岡県；仏教美術センター提供）

まで進化してゆきますと、薄い木屑漆を盛り上げるだけで完成をみるといった方向へ向かったと考えております。

奈良時代の後半から日本の仏像が木彫像に方向が移り変わってきたことの理由には、いくつかの要素が考えられるかと思います。ただいまの木心乾漆の木心部が進化して、そして木彫像へと推移したという考え方がございます。但し、この後の木像は樟に替わり、桧や榧が主流となってゆきます。

それから二番目に、華麗に花を開かせた奈良仏教も、聖武天皇の崩御後は次第に衰退の方向へと突き進んでゆきます。そして、ついに長岡京、続いて平安京へと遷都が挙行されます。おそらく奈良仏教が平城京の平地にあったこともあってか、次第に世俗化し、やがて世相が混迷してきたこともあってのことでしょう。その新京である平安京には奈良からの寺院の移転を認めなかったと言われております。ただ、東寺と西寺だけが王城を守護する官寺として置かれました。そのあとの寺院は平安京の中には入れなかった。そこで寺院は山上や山の中腹に築かれてゆきます。

京都の町は盆地になっておりますが、それをとりまく山の中に、清水寺や延暦寺、鞍馬寺とか高雄の神

護寺、醍醐寺といったお寺が築かれ、今日に受け継がれています。仏教というのは、インドを旅しますと気づくことでございますが、寺院はすべて遺跡になっていますが、何処も町や集落から遠からず近からずという位置に築かれています。出家者が修行に専念するには喧騒を避けるということと、寺院の維持は民衆からの布施によります。つまり、托鉢に行くことの出来る距離である必要があります。そして民衆は教団から法の布施を受けます。この関係によって教団と民衆とは成り立ってきています。ガンダーラの山岳寺院に立ちました時、京都の清水寺の伽藍に立った様な錯覚を覚えたことがございました。

神仏の依り代

奈良時代末期の仏教のそうした低迷とも関係するのでしょうが、仏教以前の神道が見直され、やがて仏教と習合してゆきます。古来より神道では神は仏教の仏の様に具象的な姿を持ちません。山や森とか滝とか、それから洞窟とか、奇異な形をした岩とか、鏡、剣、勾玉など、そして高樹齢の木とか、こういったところに神が降臨する、宿るというふうに考えられました。こうした中から、特に雷が落ちた木は霹靂木《へきれき》として特別視されました。これは現代人からしますと、一笑に付されそうでありますけれども、大昔の人は、これはたいへんな出来事であったわけであります。これは天地が感応した木、神仏が降臨した「依り代」として受け止めたことが想像できます。いわゆる神籬《ひもろぎ》思想であります。

このように木そのものに対する信仰というものが根底にありますけれども、人間というものは、やはりそこに具象的な姿を求めたくなるものなんですね。立木仏信仰というものがございますけれども、行者が

感得した木、特別な木ですね。まだ土に根が生えたままの立ち木に神仏の姿を顕わすといったことが行われます。そこに屋根をかけて本堂とした立木仏信仰は各地に見られます。こうした造られ方は、木というものは単なる彫刻の素材だけではない、思い入れ、こだわりというものを抱いた事がそこに感じ取れます。ですから造られる仏像は素木《しらき》を大切にし、金箔や彩色で覆うことは致しません。

図4　鑿入式（平安仏所、京都市）

昔から、神仏をお刻みする木のことを御衣木《みそぎ》と呼んだようであります。そして、仏像が造られるときには、事前に御衣木加持《みそぎかじ》という法要が行われてから仏師が彫刻を致しました。御衣木加持は長い間、滞っておりましたけれども、現在では鑿《のみ》入式（図4）という形で復活をしております。こうしたことを通して昔の人が思い描いた心に少しでも近づいていこうという思いから、復活をしているわけでございます。このようなことから、神道と仏教とが深く関係をしあって、神社に神宮寺が置かれたり、お寺に鎮守が勧請されたりといったことが行われるようになります。

香木の仏像

それから日本の仏像が木彫像へと向かっていった理由で、もうひとつ考えられますことは、仏像が初めて造られたのは、よく知られているようにインドのガンダーラとマトゥラーという二つの地域でありますけれども、このインドで造られる仏像の素材は基本的には石であります。これがやはり、その国の資源の問題と深く関係していると思います。ガンダーラでは青黒い色をした片岩が用いられ、マトゥラーでは黄色い斑点のある赤みを帯びた砂岩が主な素材として造られていますが、大乗仏教がインドから北に伝わると、仏教文化もそれに伴って伝えられてゆきます。そして中央アジアから中国、そして朝鮮半島から六世紀に日本へ伝えられました。インドから中国にいたる中央アジアの各地域で見られる石窟寺院では、石造や塑像が盛んに造られましたが、その中に一部、木彫像が見られます。それらはインドで採取される白檀か、これに見立てたと思われる木を用いたポータブルな構造になったものがいくつかみられます。

図5は高野山に伝えられる空海請来になる白檀製の「諸尊仏龕」です。中国の唐の時代に造られたものといわれておりますけれども、白檀という木は非常に堅牢で緻密な、そして適当な油脂を含んだ木でありまして、よく研ぎあげた刃物で彫刻をいたしますと、非常に際立った彫り口を引き出すことが出来、檀像と呼ばれて珍重されました。この図は高さが約三十センチ位の小さな作品ですが、構造は白檀の一本の原木を縦に二つに割り、この片方をさらに縦に二つに割り、その内側に彫刻をしたあと丁番を取り付けて、開閉ができるようにしたものですが、同じ構造のものが他にも見られます。これはそのうちでも特に優れ

図 5　諸尊仏龕(高野山、和歌山県；仏教美術センター提供)

たものであります。この白檀という木はだいたい東南アジア一帯にもございますし、他の地方にもあるように聞いておりますけれども、不思議なことにインドのマイソール地方で採れる白檀、これが御香の材料として珍重されてきたのであります。非常に芳香を発する材であり、このように細部に至るまで、際立った彫刻をすることができます。そして仏教徒にとってはもうひとつ、お釈迦様の故郷の木ということも尊ばれたことの理由と考えられるかと思います。飛鳥時代の仏像が樟に限られたのも、海に囲まれた日本では白檀の入手は難しく、身近な樟を代用香木と見立てたのかも知れません。東南アジアの白檀はどうも香りが乏しく、色も白っぽい木が多いようであります。インドの白檀というのは、これが千三百年も経ったとは思えない、今現在、新しく造る白檀もこのような色をしております。非常によく研いだ刃物で

彫刻いたしますと、彫刻面がきらりと光ります。めっぽう魅力のある材であります。

それから、白檀のことについて、触れますと、榧《かや》も結構わたしどもも彫刻することがありますが、彫刻に要する製作日数が白檀と比べまして、あまり変わらない、どちらも同じくらいの日数を要します。そういったところから、私の場合に絞って申しますと、小さな像の場合はほとんどの場合、白檀を用いております。

榧について申しますと、図6は今、私の工房で、ある個人のコレクターの方から修理のために預かっている仏像です。非常に痛みが激しく、痛々しい像ですが、材はどうも榧が用いられているようです。一メートル三十センチ位ありましょうか、おそらく作られた当初は相当立派な仏像であったと思われます。それが今は虫害で非常に荒れていますけれども、よく見ますと表面に縦に干割れが出ております。これが一木造で作られた時代、おそらく推定で平安時代前期かあるいは奈良時代後半ぐらいまで遡るのではないかと思っておりますけれども、この像の細部に、ちょうど膝のあたり、天衣がU字型にかかっているあたりと、それから、右足の脛の辺りに大きな節が見えております。礼拝像でありますから、これだけの仏像が作られる場合においては材の選定には相当気配りがされたことと思います。仮に私ならこれだけ大きな節が正面に出る木というのは避けることを考えます。しかし、これがそのまま使われているということは、この木がやはり特別な木であったのではないか、これはあくまで推測ですけれども、先ほど申しました、いわゆる行者が感得した木か、あるいは、落雷のあった木ではと考えられます。落雷の木を御衣木とした仏像は、よく行われたようでありますけれども、このように、仏像においては彫刻の素材という考え方だけで

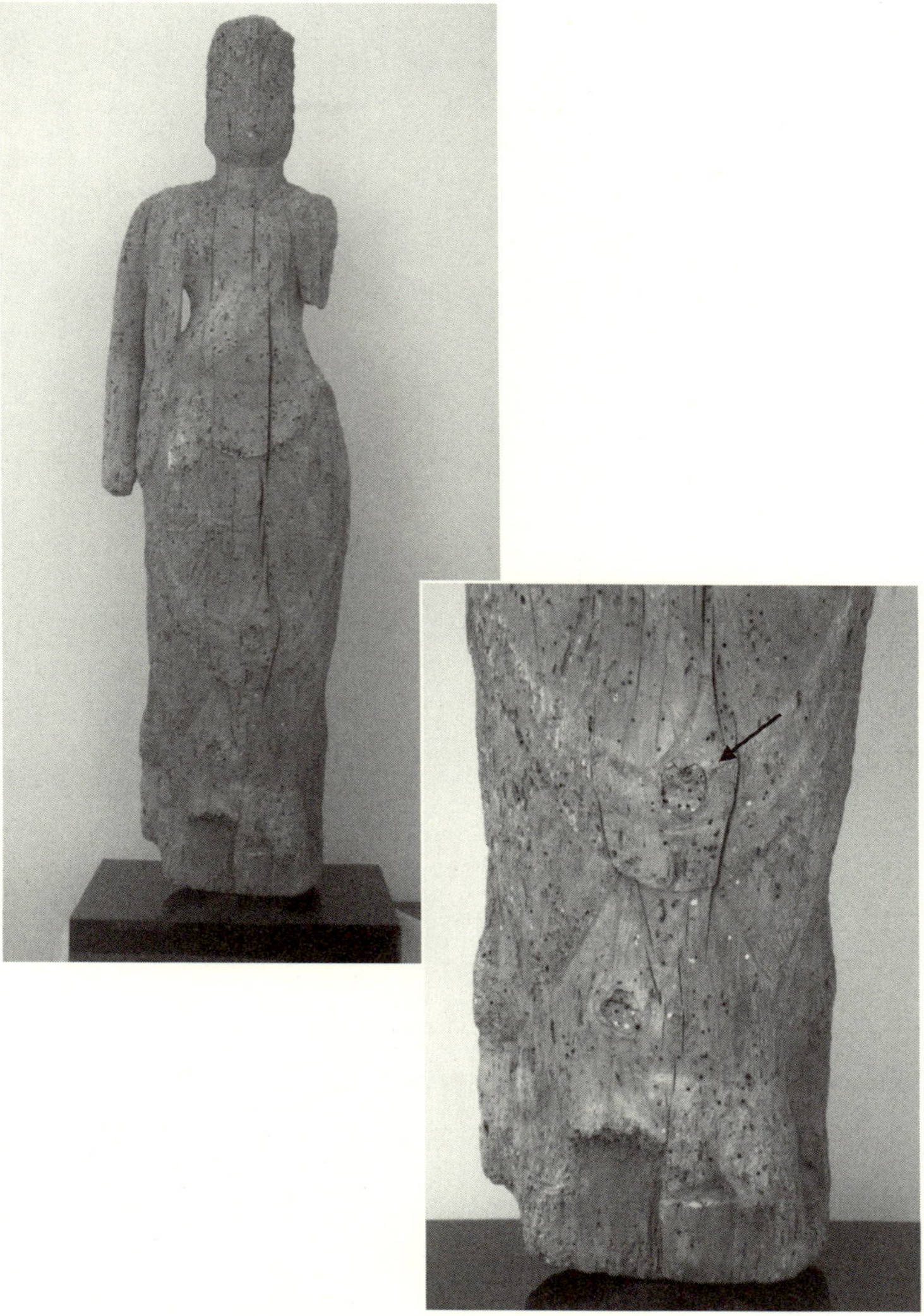

図 6　修理中の仏像(仏教美術センター提供)
伊東教授による樹種同定の結果カヤと判明している。矢印の先は節。

はなくて、御衣木という木そのものに対する思い入れというものが大きく占めていたのではないか、ということを制作の現場に生きます私どもが鑿を手にしながら感じることでございます。この像のように一木造の仏像の、材の乾燥に伴う干割れを止めるために、やがて割矧造、そして寄木造の考案へと発展をしていくことになります。

第8章　日本の木彫像の造像技法

―一木割矧造りと寄木造りを中心に―

根立研介 氏　プロフィール

京都大学文学研究科教授。

京都府教育委員会技師、文化庁文化財保護部文化財調査官の職務を経て、本学大学院文学研究科で研究・教育をおこなっておられます。専門は日本美術史で、特に日本彫刻史を中心とする仏教美術の研究に強い関心を有しておられます。これまで、美術史の専門の雑誌その他に多数出版されています。主要著書には、『日本中世の仏師と社会ー運慶と慶派・七条仏師を中心にー』(塙書房、2006)、『彫刻の保存と修理　日本の美術 452』（至文堂、2004)、『日本彫刻史基礎資料集成　鎌倉時代　造像銘記篇』(水野敬三郎ほかとの編著、第 1～6 巻、中央公論美術出版、2003-2008 年)などがあります。

日本彫刻と木彫

日本では仏像を木材で造ることは、仏像製作が始まった飛鳥時代（六～七世紀）から認められます。仏像を始めとする彫刻に用いられる材質には、様々なものがあり、金属（銅、金、銀）や乾漆、土、石、紙といったものでも仏像は造られています。しかしながら、国が国宝や重要文化財に指定した仏像を中心とした彫刻類を見ると、およそ八十七パーセントが木彫像です。他の彫刻類、例えば神像や、あるいは垂迹神像、さらには肖像や、狛犬などの動物彫刻、仮面といったものについても、この比率はそう変わらないような気がします。このことから明らかなように、日本の「彫刻」の大部分が木材を素材にして造られており、石造や塑造、あるいは金属造のものが「彫刻」の主流を占めるとみられる中国など近隣の東アジア諸国と、仏像製作の様相がかなり異なっています。

ところで、日本で木彫像の製作が盛んになってくるのは、平安時代初期（九世紀）からといってもよいかと思います。もっとも、奈良時代の木彫像の再評価といった近年の日本彫刻史研究動向に重きを置いて、奈良時代（八世紀）からとする見方もあるかとも思われますが、やはり仏像や、神像、あるいは肖像彫刻などを木材で造ることが一般化するのは、平安時代に入ってからと考えてよいでしょう。それでは、木彫像の造像技術にはどのようなものがあるか、次にみていきましょう。

木彫像の造像技法

木彫像の造像技法は、一般的には、大きく三つに大別されます。これらの技法を要点のみ簡略に述べれば、一つは一木造(いちぼくづく)りで、これは像の頭体幹部を一材から彫出するやり方です。両手や、坐像の両脚部などの突出部を、別材から造りこれを寄せることは、一木造りの技法でも一般的に行われています。二つ目は、寄木造(よせぎづく)りで、この技法はほぼ同等な役割を持つ複数の材を合わせて像を造り上げる技法です。例えば、体の正中線や体側のほぼ中央部で材を合わせて造るものです。したがって、先ほども述べましたように、幹部を一材から造り、腕などを別材で造って、幹部材に矧寄(はぎよ)せているからといって、寄木造りとはいいません。そして、三つ目は、割矧造(わりはぎづく)り、あるいは一木割矧造りと呼ばれているもので、頭体幹部を一材から木取りする点は一木造りと同様ですが、製作の過程で一旦像を割って(概ね体側を通る線で前後に割るものが多く、さらに頸部で割るものも多い)製作を行う技法といえます。

ところで、木彫像の造り方について語られてきた日本彫刻史の一般的な筋立てでは、平安時代の半ば頃、およそ十世紀末頃までの仏像は、腕とか、坐像の脚部等を除く、頭体の幹部を、一本の木から木取りする一木造りの技法で造られていたとされています。そして、十一世紀前半ぐらいに、特に定朝という仏師、この方は宇治の平等院の阿弥陀如来像を造った人物として非常に著名な仏師ですけれども、この定朝が大きく関与して、ほぼ同等な役割を持つ複数の材を合わせて像の頭体幹部を造り上げる寄木造りの技法が大成されたというように語られてきました。

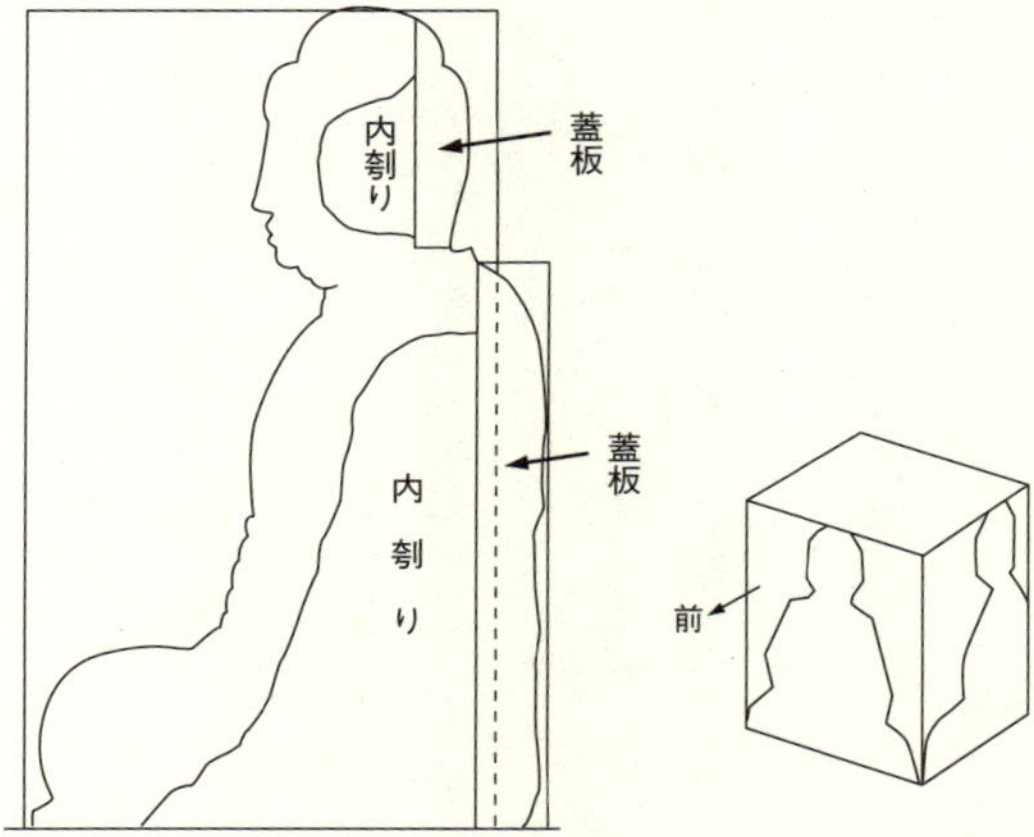

図 1　慈尊院弥勒仏像（892 年作）（和歌山県；構造図解：出典『重要文化財 2 彫刻Ⅱ』、毎日新聞社、1973 年、作図者　西川杏太郎氏）

しかしながら、こうした木彫製作技法の展開を発展史的に単純に捉えてはいけないところがあります。例えば、京都・東福寺の塔頭のひとつ、同聚院というところにある不動明王坐像は、現在の東福寺の地に大伽藍を構えた法性寺の堂宇の一つ、藤原道長の発願になる五大堂の本尊像として、定朝が活躍する直前の時期に当たる寛弘三年（一〇〇六）に、一般的には定朝の師匠で、父親の可能性もある康尚という人が造ったものとみなされています。この像は二メートル五十センチを越える丈六像の巨像ですけれども、一木造の技法で造られています。ただし、頭体の幹部は一材からなっていますが、平安時代初期（九世紀）に造られた一木造りの一般的な彫像と異なり、幹部材から刻む部分が小さくなる一方、内刳りという像内の空間がかなり大きくなっています。因みに、西川杏太郎先生が作成された一木造りの彫像の図解

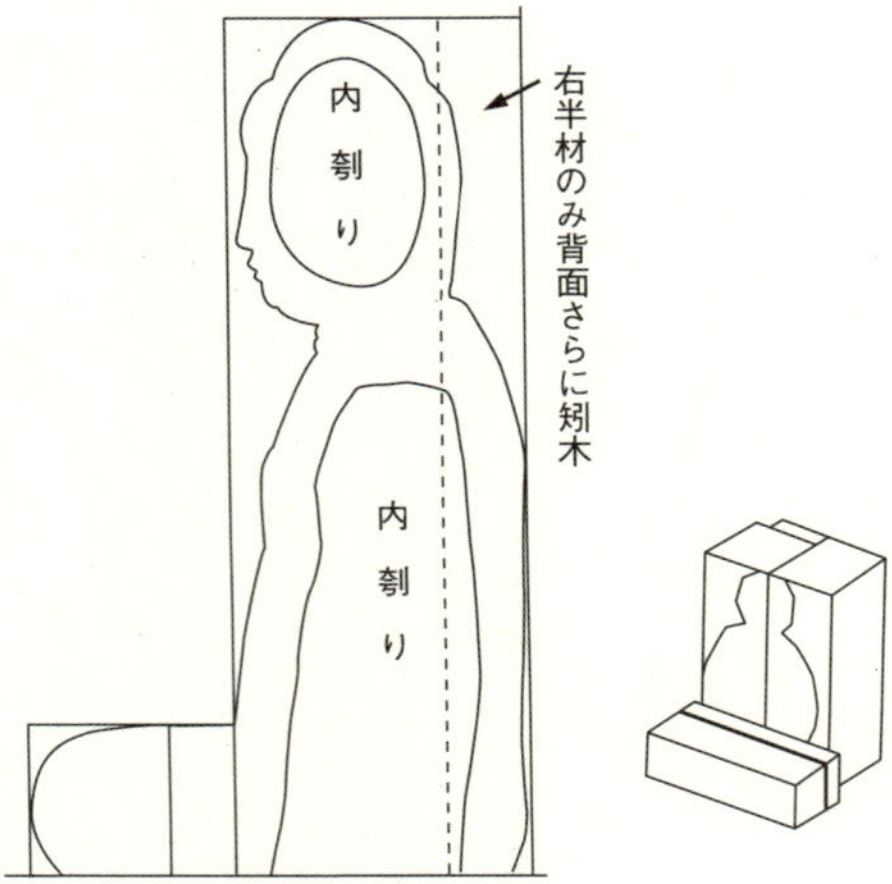

図 2　六波羅蜜寺薬師如来像（10 世紀作）（京都府；構造図解：出典『重要文化財 2 彫刻Ⅱ』、毎日新聞社、1973 年、作図者　西川杏太郎氏）

（図1）を掲載しておきますが、一木造りの技法を用いてこうした巨像が十一世紀の初めにおいても造られているのです。ところが、十世紀の後半に造られたと思われる京都の六波羅蜜寺の薬師如来坐像をみますと、体の正面で別材を左右に矧ぎ合わせて（接合して）おり（図2）、この像はいわゆる寄木造りの技法で造られたことがわかります。また、長和二年（一〇一六）に造られた興福寺の薬師如来坐像は、穏やかな顔つきと身体の均衡の取れた洗練された仏像ですが、全容をほぼ一材から造り出すという同聚院不動明王像よりもさらに古式な一木造りの技法で造られています。

こうしてみますと、平安時代中頃に京都や奈良で造られた主要な仏像を見ても、造像技法が一木造りから寄木造りへ単純に展開していったわけではないことがわかりますが、十世紀の後半くらいから寄木造りの初発的なものが出てきて、おそら

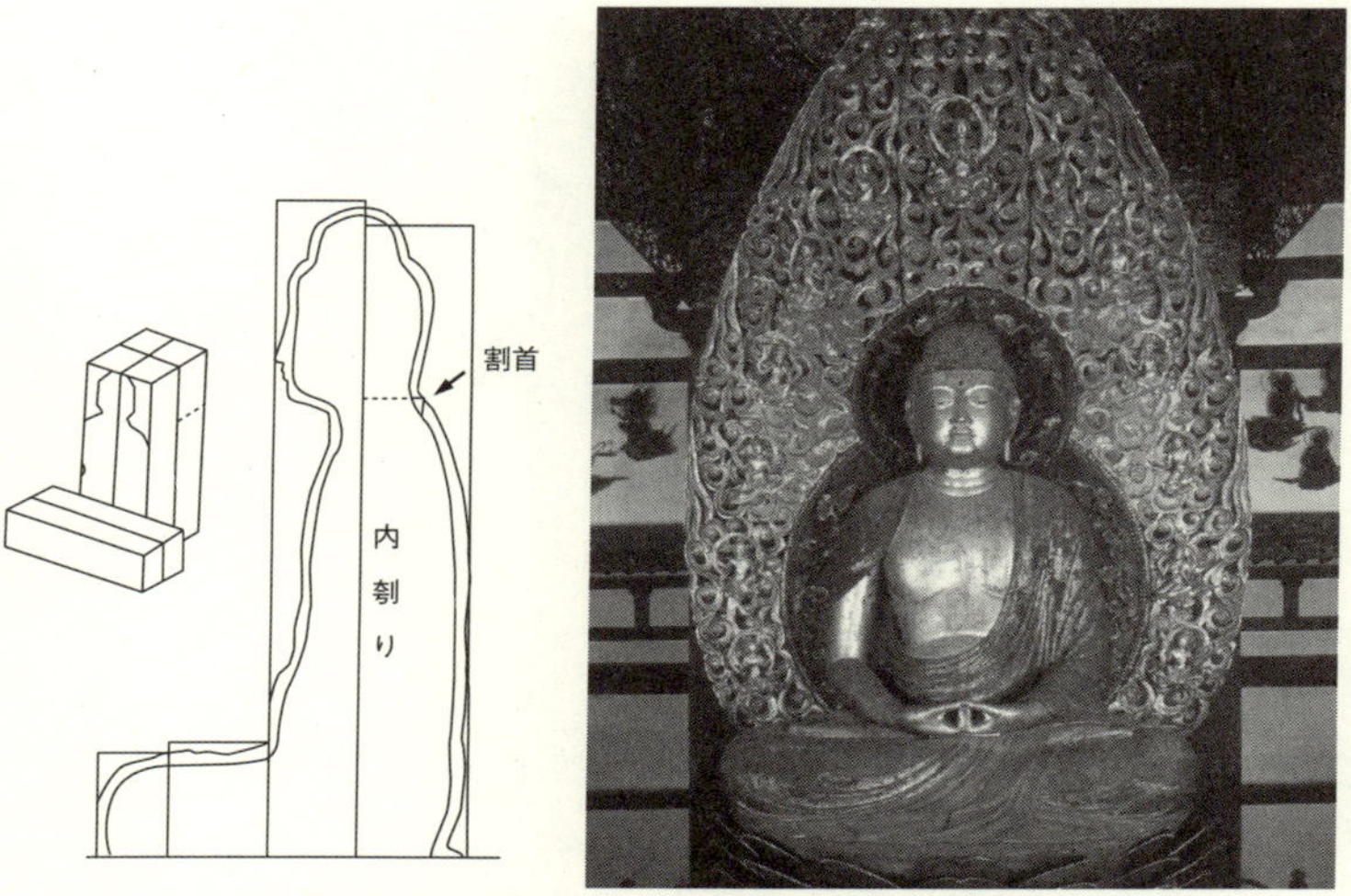

図3　右図：平等院阿弥陀如来像（1053年、定朝作）（京都府、平等院提供）
左図：平等院阿弥陀如来像構造図解（京都府：出典『重要文化財2彫刻Ⅱ』、毎日新聞社、1973年、作図者　西川杏太郎氏）

く様々な試みがなされながら次第に造像技法として定着し、天喜元年（一〇五三）に完成した平等院鳳凰堂阿弥陀如来坐像のように、頭体幹部を正中二材及び前後二材、合わせて四材から頭体幹部を構成するものが出現し（図3　ただし、この像は最近修理が完了し、細かい木寄せの記述については少し修正がなされると思います）、さらに頭体を別材でもって造るなど、より細かな木寄せを行う像も現れてくるようになったと思われます。

なお、この寄木造りの技法の成立については、従来日本の中だけの問題としてほとんど扱われてきましたが、唐から五代・北宋に至る中国大陸や朝鮮半島の木彫技法との関わりも今後は少し関心を払う必要があるかも知れません。因みに、韓国華厳宗の発展に大きく寄与した義湘が建てた慶尚南道の海印寺には希朗という僧侶の木彫の肖像彫刻がありますが、韓国の研究

（文明大「海印寺木造希朗祖師真影（肖像彫刻）の考察」（『考古美術』１３８／１３９合併号、一九七八年））では、高麗時代も十世紀半ば頃まで遡る木彫像とされています。材質や構造についてはあまり詳しいことはわかっていないものの、この像は複数の用材を持って造っているとの見方もあるようです。なお、朝鮮半島の木彫像については、最近さらにきわめて注目すべき遺品が報告されました。これは、先ほども名前を挙げた海印寺に所在している二体の毘盧舎那仏（びるしゃなぶつ）です。表面が後世の金箔で覆われていたため製作時期がよくわかっていなかったものですが、一体の像内から西暦八八三年に相当する年紀が発見され、なお検討すべき問題もあるようですが、九世紀末統一新羅時代頃の木彫像とみなす見解が有力になっています。写真から知られる体部の像内の様子からすると、その造像技法は四方から複数の用材を箱状に組む、いわゆる箱形の寄木造りに近いように思われますが、いずれにしても詳細な報告が待たれます。ただし、寄木造り技法成立に関する周辺国との関わりといった問題は今後の課題ですので、これ以上はここで話を進めないことにしたいと思います。

しかしながら、寄木造りに関わる一般に流通している言説で、少し検証し直さなければならない問題が幾つかあるのも事実です。一つは、寄木造りの技法が大成すると、それ以後、日本の木彫像の製作技法は寄木造りが主流になるといった話で、これは一面真実に違いないところもあるものの、一木造りといった技法は江戸時代の仏像にもしばしば認められる技法であり、平安時代中期をもって木彫の造像技法が全て寄木造りに変わっていたというようなことはありません。それとともに後述する一木割矧造りの問題があります。院政期から鎌倉時代前半期頃にかけて製作された等身大以下の仏像の遺品を見ますと、この時期

に造られた仏像は、むしろ割矧造りの技法で造られたものの方が多いのではないかという気さえします。仏像の造像技法が、一木造りから寄木造りに単純に移行したものではないということを改めてここで強調したのは、この割矧造りの問題の重要性を指摘したかったからでもあります。

それともうひとつの問題は、日本彫刻史研究者というよりも、浅香年木さんのような、戦後手工業史の問題を扱った日本史の方々が盛んに喧伝した観のある話ですが、寄木造りという技法はしばしば仏像を大量に造る際の分業化の問題として一緒に論じられてきました。要は、寄木造りの技法では仏像製作はパーツに分かれるわけですので、分業化をうまく行えるはずであり、この技法が成立したことにより仏像の大量生産が可能になったと捉えるのです。確かに、摂関期から院政期、すなわち藤原道長や頼道の時代(十一世紀前・中期頃)から、白河、鳥羽院政期(十一世紀末から十二世紀前半)頃にかけては、造られる仏像の数が膨大で、さらに丈六を超えるような巨大な仏像もしばしば造られていました。こうした仏像製作の旺盛の様は、例えば白河法皇が亡くなった際に院の生前の仏教に関わる作善(さぜん)を記した当時の有力貴族、藤原宗忠の日記『中右記』大治四年(一一二九)七月十五日条の記事一つを見てもわかります。すなわち、そこには「絵像五千四百七十余体、生丈仏五体、丈六百廿七体、半丈六六体、等身三千百五十体、三尺以下二千九百三十余体、堂七宇、塔二十一基、小塔四十四万六千六百三十余基、金泥一切経書写、此外秘法修善千万壇、不知其数、此二三年殺生禁断諸国也、施大善根也」と法皇一代で成し遂げられた膨大な数の造仏などが記されており、院政期における造仏が如何に盛んであったかがわかります。また、丈六、通常ならば立像で五メートルほど、坐像ならばその半分程度の大きさを持つ、巨像も百三十体を超える数を造らせて

いたことにも驚かせられます。

さらに、驚くべきは、この当時、元永二年（一一一九）から大治四年の鳥羽天皇中宮璋子（待賢門院）の出産に纏わる御祈に関わる造仏に顕著にみられように、天皇や法王の病、あるいは中宮の出産のために一日にかなりの数の、それも半丈六、あるいは丈六くらいの大きな巨像でさえも一日で完成させるということが、貴族の日記などにしばしば記されています。仏像の製作時間がどれくらいかかるか分かるものは意外に少ないのですが、例えば運慶の初期の仏像として著名な奈良・円成寺の大日如来坐像が、安元元年（一一七五）十一月から十一カ月ほどかけて造られていることが銘文から分かっています。この仏像の場合は、運慶がほとんど一人で造っている可能性もあるので、一般的な仏像製作はもっと早い場合が多いと思われます。しかしながら、運慶の例などを見ると、一日で仏像を造ることが常識では信じられないスピードで行われたものであることがよくわかります。そうすると、こうした尋常ではない造仏も、寄木造りという技法を採択して分業を行い、それによって仏像製作の時間が短縮され、短期間でそれも一度に数多くの仏像を造ることが可能になったのではないかという想定がなされてきたのです。確かにこういった説明は解り易い説明で、そのためか、寄木造りに伴う仏像製作の分業化の問題は、かなり強調されて言われてきたところがありました。

しかしながら、仏像製作を単純な手工業製品と同様に捉えることには、少し慎重にならなければいけないようです。この技法が大成され、発達した平安時代中期から鎌倉時代初期にかけての時期の仏像製作では、寄木造りの技法で仏像を造る場合でも、部材ごとに完全に分けて分業を行い、その終了後に部材を合

わせて像を完成するといった工程が果たしてどこまで行われたのでしょうか。むしろ、この時期の遺品には、矧目(接合部)に死枘を確認することができるものが数多く遺されていることなどを考えると、仏像製作では部材を組み合わせて作業を進める工程がかなり存在していたことが容易に想定されます。また、正中線で接ぎ合わせた仏像の頭部などを、全く別に造ったりすると、顔の左右で造形が微妙に異なってくるといったことも起こるかもしれません。先に挙げた一日で造られた仏像などは、仕上げを始めとして通常の仏像とかなり異なったものである可能性もあり、こうしたものの出現が寄木造りの造像技法と直接関わるかどうかもよくわかっていません。なお、建仁三年(一二〇三)に運慶等により、東大寺南大門の一対の巨大な金剛力士像が七十日ほどで造られています。確かに、こうした造仏の場合は、寄木造りに伴う分業的な作業が仏像製作の時間短縮を促した側面もあります。しかしながら、この像は最初に基本の十材を組み上げ、その上に部材を矧付け、彫刻を主に最上層で行い、さらに造像の最終段階で修整を適宜加えるという、かなり特殊な造像法が採用されているという側面を見逃してはならないと思います。

こうしてみると、寄木造りの技法は、仏像製作を分業により効率よく進めるという観点から平安時代後期になって盛んに採用された側面も無いとは言えませんが、別な側面からもこの問題を捉え直す必要があると思われます。私自身は、寄木造りが平安時代も半ば頃から盛んになってくる一番の理由は、像の巨大化と、その種の造仏需要が摂関期、院政期を通じて増大していったことにより、用材の調達が困難になってきたといった側面がきわめて大きいように思えます。このことは、平安時代中期から鎌倉時代前期までに造られた等身以下の像の多くが、次に問題とする割矧造りの技法から造られていることからもある程度

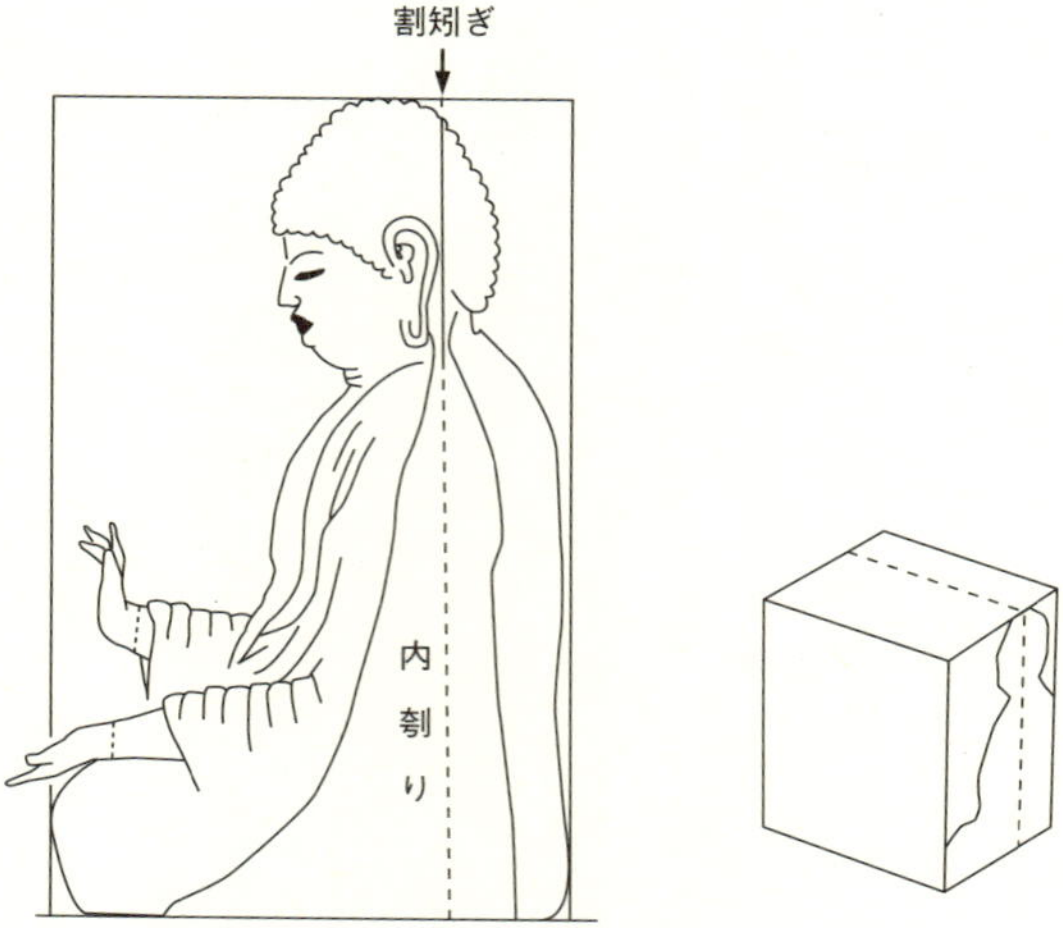

図4　勝常寺薬師如来像（9世紀作）（福島県；構造図解：出典『重要文化財2 彫刻Ⅱ』、毎日新聞社、1973年、作図者　西川杏太郎氏）

裏付けられます。

一木割矧造り

それでは、すでに繰り返し名前を出してきた一木割矧造りといった技法については、木彫造像技法史の中でどのように位置付けられるものなのでしょうか。一木割矧造りの技法が盛んに使用されるようになるのは、寄木造りと同様に平安時代中頃からと思われますが、その初発的な事例は、福島県・勝常寺の薬師如来坐像に認められます。この像は、像容の大略を一材から木取りしているのですが、図解（図4）を見てもらったら解るように、体側中央より多少後ろ側で一旦前後に割矧いでいます。勝常寺像の製作は平安時代もかなり早い頃とみられますので、一木割矧造りの技法が九世紀のおそらく早い段階で出現してくるのです。ただし、こうした勝

常寺像にみられるようなやり方が、そのまま展開して、平安時代中頃に大成したかについては、少し慎重に考えて行く必要があるでしょう。というのも、一木造りの木彫像の中には、背面をやはり製作の過程で一旦割り矧いでいるものもあります。勝常寺像などは後半材もある程度の厚みを有しているものの、こうした一木造り像の延長として捉え、平安時代中期以降の割矧造りとはやはり少し系統が異なるとみた方がよいかも知れません。

ただ、先ほども触れましたように、平安時代中頃から鎌倉時代前期頃までの木彫像、殊に等身以下の比較的小さな像では、一木割矧造りの技法で造られているものがかなり多いのは間違いありません。寄木造りの大成者としてその名がしばしば挙げられる定朝もその例にもれないことも、この時代の貴族の日記から判明します。例えば、『左経記』万寿三年(一〇二六)八月七・八・十七・二十一・二十七日、九月二十一日、十月十日といった日付の条に記されている、中宮御産の祈祷ために等身仏二十七体(釈迦三尊・七仏薬師・六観音・五大尊・六天像)の造像では、造仏の支度として「尺九寸木十三枝、余七八寸木卅余枝、二寸半板百枚」を定朝は要求しています(八月八日条)。長さが不明なところがありますが、寸法は幅乃至厚さを指すとみられ、等身仏の製作を考えると、造られた仏像は割矧造りの技法で製作された可能性が高いとみられます。さらに言えば、鎌倉時代前期に至ってもこの割矧造りの技法で像が造られることも多く、例えば運慶や快慶の作例の中にも、割矧造りの技法で造られているものもかなりの数認められます。

もっともこの技法で造られた仏像は、一般に像内の内刳りが大きく施されていることもあって、完成した像を一見しただけでは、寄木造りの技法で造られたものとなかなか区別が付きにくい場合が多いのも事

実です。したがって、平安時代後期の仏像で従来寄木造りの技法で造られたとされたものも、実は割矧造りの技法で造られている場合も多く、修理で仏像が解体され、始めてその事実が判明する場合もあります。

用材を割矧ぐことの意味

平安時代後半頃から仏像製作では、部材を割るといった作業がしばしば行われます。一木造りや寄木造りで造られた像も、こうした部材を割って作業を行うこともかなり行われています。例えば、大分の大楽寺という所にある平安時代末期の弥勒三尊像の脇侍像です。この像の頭体幹部は、正中線で左右に矧ぎ合わせた二材から造り上げる寄木造りの技法で造られています。ところが、頸部を見ると、鑿痕が頸部を一周しているのがわかるかと思いますが(図5)、これは鑿を上方から落として、頸部を一旦割り離す、割首という処置が行われたことを示しています。割首の技法はこの時期の仏像製作では一般的に行われる技法で、これはおそらく頭部の製作をよりやり易くするために行われたものかと思われます。

こうした部材を一旦割離して作業を行う割矧という技法は、平安時代後期から鎌倉時代前半頃ではかなり頻繁に行われています。着衣の突出部を付け根で割ることもあります。割足(わりあし)もそうで、着衣から出ている脛以下の部分を着衣と肉身との境などで一旦割離すということもしばしば行われています。また、胸部などは着衣の襟の部分と肉身を、その境で割っている例もあります。例えば、これは京都の清凉寺の十大弟子像のうちの一体です。この像は、阪神淡路大震災で像が倒れて被害を受けています。手の部分には真新しいクラックがありますが、これはその際のショックで割損した部分です。しかしながら、胸

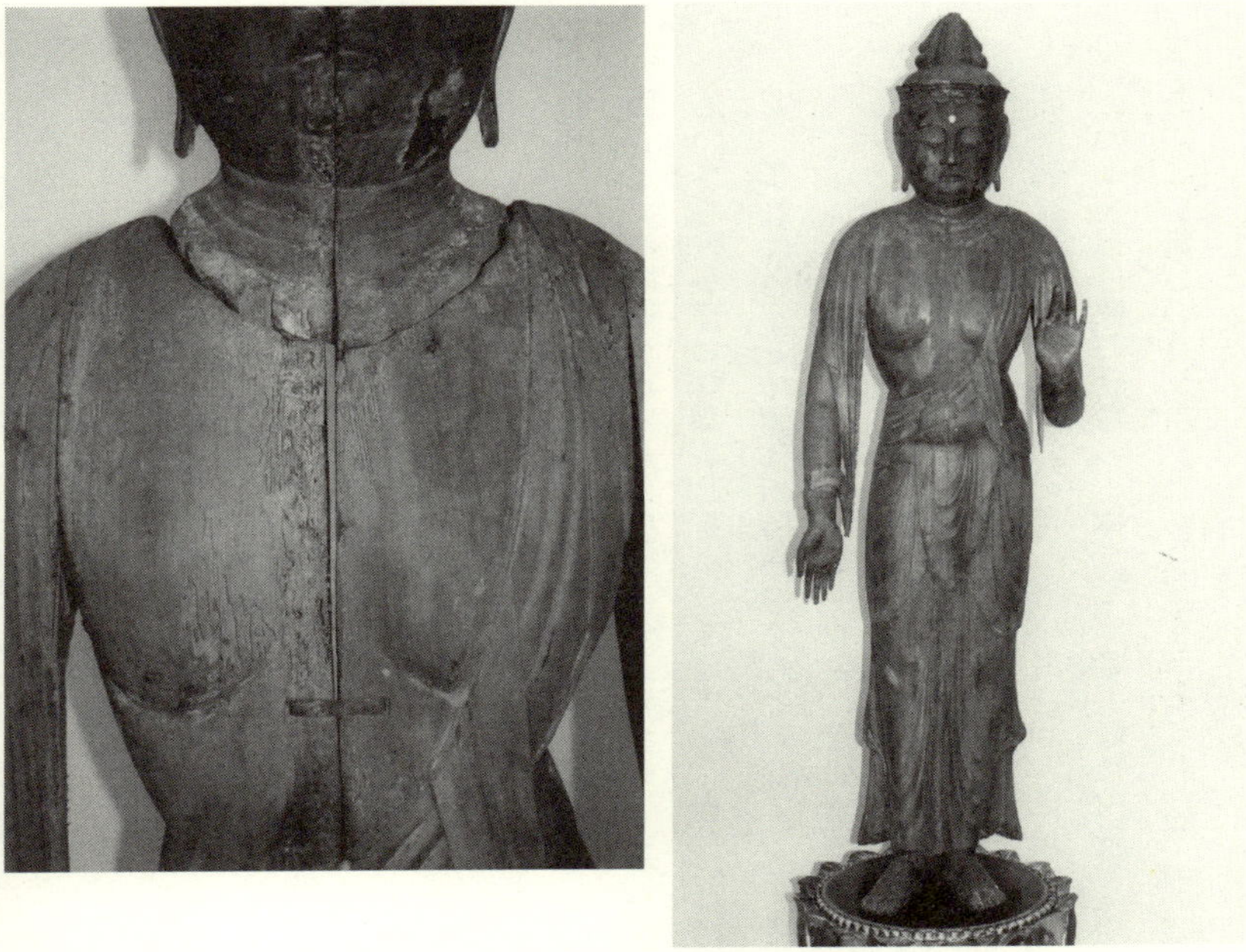

図5　大楽寺弥勒三尊像のうち右脇侍像(12世紀)(左：修理前、右：修理後)(大分県；出典『彫刻の保存と修理　日本の美術　452』、至文堂、2004年、財団法人美術院資料より)

部から腹部に斜めに分離している部分は、実は元々の一材が割れたのではなく、像製作の過程で一旦着衣と肉身の境で割っている部分です(図6)。要は、仏像を製作する過程で、この部分でわざわざ一旦割って分離して、また再接合した部分なのです。

何でこういう技法が盛んに行われたのでしょうか。幾つか理由を述べてみましょう。一つは、別材を寄せて造った方が一見楽そうに見えるところもやはり割って造ることを考えますと、鎌倉時代前期くらいまでは、やはり仏像自体は一材から作るのだという概念がかなり残っていた可能性があります。巨像に関しては、用材の入手が非常に困難だということもあって、平安時代後期からは寄木造

図6　清涼寺十大弟子像（平安後期）のうち迦旃延像（京都府；出典『彫刻の保存と修理　日本の美術　452』、至文堂、2004年、財団法人美術院資料より）

りがかなり用いられているのですが、平等院の阿弥陀如来像のような寄木造りの技法で造られた典型作でさえも、先ほどの図解（図3）にありましたように、頭部と体部が分離していません。頭体幹部を四材から造っていながら、面相部をも構成する最も重要な正面の根幹二材については、頭体が通じる巨材が用いられており、このような木寄せは分業による効率のみを念頭に置いてなされたわけではないでしょう。

この辺りのことを考えると、こうした最も中心となる

部材に関しては、一材で造ることにかなり執着しているところが見て取れます。したがって、定朝などは、頭部部材を、体部材と別のものを用いることにまだ抵抗があったかも知れません。ただし、先ほど述べた割首のように、細かい細工をする場合は、頭部を別にして作業を行った方が遙かにやりやすいかと思われます。そこで、頸部を割るといった割矧ぎ技法が登場し、この技法が多用されたのではないかということが推測されます。もちろん、この時期の仏師は前代に比べて遥かに多くの仏像を、それもかなり短期間に造像する必要に迫られており、これに対応するためか仏師は造像の際には様々な工夫を凝らしていますので、別材を矧ぐことも必要に応じて行ったと思います。ことに彫刻の細部については、適宜割矧いだり、あるいは別材を矧いだりと、仏師達は造像において臨機応変に作業を進めたと思われます。なお、中世後期辺りからは、別材を矧付ける技法が一層発達していく傾向があるように思われます。

さて、仏像製作における割矧ぎの利点をもう一つ挙げておきましょう。別材で造って接合すると、同木を割って接合したものより、矧目離れが起こり易いといったことが想定されるのです。というのは、木彫像の各所に認められる部材の接合箇所、すなわち矧目は、通常漆や膠などの接着剤で接着されるのが一般的です。中には、さらには枘を設けたり、釘、鎹を打つなどの処置を取って、より強固に結合することもしばしば行われています。しかしながら、長い間の経年変化によって接着剤の接着力が失われ、また釘等も錆によって接合の用をなさなくなってきます。さらに、材の痩せ(収縮)や歪みが加わると、矧目が次第に開いてくることになり。ことに、別材同士を矧合わせますと、材ごとに微妙に収縮率が異なりますので、一材を割って矧目をなす場合よりも矧目離れが起こりやすくなるかと思われます。もちろん、きちんとし

た造り方をした仏像は、表面に麻布を貼ったり、堅い下地を作ったりして、表面仕上げによる矧目離れの対応策もなされています。しかしながら、一番基本の木部で接合部が分離してくると、当然上層部の金箔や彩色で覆われた仕上げ層にも影響が出て、剥落などが進行して大変見苦しい状態が発生してくるのです。仏師たちはそういうことを避けるためというか、経験的に割った方が矧ぎ目離れ、矧ぎ目の分離の拡大なんかが起こりにくいということを知っていたはずで、そのため割矧ぎという技法を盛んに用いたことが考えられます。あるいは、頸部や体部の矧目が開いた空洞には、虫喰被害を起こす虫などが入り込みやすいといったことなども、仏師達はよく知っていたかも知れません。

さらにもうひとつ考えなければならないことは、これは最近彫刻史の研究で盛んに言われていることですけれども、こういうふうに着衣の部分と、肉身の部分で分けるということは、これは技法上の問題だけではなく、仏像のイメージに関連するのではないかということです。すなわち、現世に具体的な存在を表した仏、すなわち生身仏(しょうじんぶつ)を擬して造った仏像に関連するイメージが、こうした技法を発生させた要因となるのではないかということです。着衣部と聖なる身体そのものの肉身を敢えて区別するために材を割るのも、かつてこの世に出現し霊験を起こした生身の肉体を持っていた仏であるというイメージを強調するための一つの技法上の工夫ではないかということです。確かに、こうした技法は平安時代後期から鎌倉時代にかけての仏像にしばしばみられ、この時代は仏像の聖性を如何に高めるかということに、僧侶も、造仏を依頼する施主も、そしておそらく仏師も心を傾けていた時期ともいえるので、こうした見解も説得力があります。

ただ、仏像の霊験性の強調は何も日本で起こってくるわけではないようです。日本の場合の大本はしばしば中国や朝鮮半島にありまして、長崎（対馬）・黒瀬観音堂如来坐像のような統一新羅時代（八世紀）の金銅仏では、肉身と着衣部の境で別鋳しているようなものもあります。この如来像の技法が果たして生身思想によるものなのかどうかよくわかりませんが、仏像の霊験性を強調するような思想が日本に入り込んできて、平安時代末期から鎌倉時代の初期、いわゆる院政期の日本で顕在化してくるところがあります。こうした意識の変化は、三国（インド・中国・日本）伝来という伝承を持つ清凉寺釈迦如来像信仰の高揚や、金泥をもちいた新たな仏像荘厳の出現と隆盛といった、院政期に顕在化してくる仏像に生身性や真身性を結び付けようとする時代意識とも関連しているように思われます。割矧ぎの技法自体もそういう生身性の問題といったことと深く関わっているのではないかという見解が近年出され始め、私もこうした割矧ぎ技法の発展についても、こうした考え方を念頭に置かなければならないという気がします。

ただし、少し注意しなければならないのは、こうした肉身部と着衣部の境で像を分離することを、別材を用いて行っている場合もあり、むしろ生身性の問題を突き詰めていくと、別材を矧いだ方がよいのではないかと思えてきます。したがって、こうした肉身部と着衣部を分離して造る技法は、仏像の生身性の問題だけではなく、別な要因も考えていかなければなりません。例えば先ほどの清凉寺の十大弟子像を例に挙げますと、別材矧付けよりも割矧ぎの方で接合した方が矧目離れが生じにくく、さらに肉身部と着衣部の境で材が接合された方が、矧目離れが生じても目立たないことも想定されます。仏師は、こうしたことを念頭に置いて割矧ぎを選択した可能性もあります。さらに言えば、与えられた用材の大きさや、あるい

は材の品質によっても造像法は変わってくると思われますし、仏師自らがやりやすい形で技法を選択するということも考えられ、肉身部と着衣部を仏像製作の過程で一旦分離して作業を行うやり方も、こうした仏師の技法の工夫といったこととも関わってくるのだと思います。

結び

このように、平安時代半ば頃に日本の仏像製作の中核をなす木彫技法は、寄木造りや割矧造りの技法が確立してきて、大きく変化していきました。ただ、従来のように単純に木彫像の技法が一木造りから寄木造りに代わって、それがずっと続くというような発展史的な考え方で理解することは出来ず、そこには様々な現象が生じています。ことに平安時代の後期から鎌倉時代の前期くらいにかけては、割矧造りという技法による仏像が盛んに造られてくる点を見落としてはならないと思います。さらに、製作の過程で部材を割って仏像を造ることも、平安時代後期から鎌倉時代前期頃の仏像製作では特に多用されていたことも注目すべきことです。このことは基本的には仏師の作業上の工夫といったこととさわめて密接な関係があるのですが、それだけでなく、当時の仏教思想や仏像観を背景に材を割ること自体に仏像の霊験性に関わる重要な意味も発生しているのです。仏像は、単なる道具ではなく、礼拝対象となる聖なるイメージであり、当時の人々の信仰の歴史といったことも理解しないと、実は仏像の製作技法の解明と言ったことにつながらないところがあるかと思います。そういうことも含めて、今後は改めて彫刻の技法の問題を考えていく必要があると思われます。

なお、最後にこの発表に関わる問題をより深く知るために、参考文献を幾つか挙げておきます。

●参考文献

①木彫技法に関わるもの
西川杏太郎『日本の美術二〇二　一木造と寄木造』(至文堂、一九八三年)
西川杏太郎『日本彫刻史論叢』(中央公論美術出版、二〇〇〇年)
伊東史朗『平安時代彫刻史の研究』(名古屋大学出版会、二〇〇〇年)
根立研介『日本の美術四五二　彫刻の保存と修理』(至文堂、二〇〇四年)
②仏像の生身性に関わるもの
(Ⅰ)生身性の概念について　奥健夫「生身仏像論」(『講座　日本美術史　4』、東京大学出版会、二〇〇五年)
(Ⅱ)生身性と割矧ぎとの関わりについて　伊東史朗『平安時代彫刻史の研究』

第4部　古建築の木

ヒノキ（長野県・木曾

第9章　視点の転換
―塗装技法研究からみた日本建築の姿―

窪寺　茂氏　プロフィール

独立行政法人国立文化財機構　奈良文化財研究所建造物研究室長。

専門は塗装技法史、建築装飾史、文化財修復（建造物）。長年財団法人文化財建造物保存技術協会に所属され、文化財建造物の保存修復を実践される一方、建築装飾技法の研究を進めてこられました。2004 年に現職に就き、現在、我が国における歴史的な木材の色付け技法の全体像を解明するために、東アジアも視野に入れた調査研究を行っておられます。主要著書には、『江戸の装飾建築』（INAX 出版、1994）、『建物の見方・しらべ方　江戸時代の寺院と神社』（共著、ぎょうせい、1994）、『金沢東照宮（尾崎神社）の研究』（共著、石川県教育委員会、2006）などがあります。

視点

現存する建築を対象として行う建築史研究の一方法として、現地調査と関連する史料研究とにより行うものがあります。ところが、現存の建築は、建立以後の改修により、構造、意匠とも建築当時のものから変化している場合が多いのです。この改修は複数回に及んでいることもあり、つぎに述べます建物の修理に伴い行われる調査研究の方法と比べますと、建築当時の姿を的確に把握することは容易ではありません。同じ建築史研究でも、現存する建築の修理時にその建築を調査研究する方法があります。いわゆる建造物修理に伴う調査研究の実践がそれです。たとえば、わが国における文化財建造物の保存修理は明治三十年代から始まり、今日も継続されています。ここでは修理に伴う調査研究の遂行が実際の修理工事とともに重視され、構造、意匠はもとより、建築時に使用された工法・技法など、当該建築に関するすべての内容について、その歴史的変遷も合わせて明らかにするための調査研究が行われてきました。

このように建築史研究の方法は上記の二つに大別できますが、日本建築史の大系化は、わが国の文化財建造物修理と深く連関し行われてきたといって過言ではありません。

ところで、わが国の木造建築の様相を把握するうえで、ひとつの問題点を指摘できます。一言でいうと、今日目にする建築の外観、すなわち視界に入ってくる建築の姿は、その本来の姿を現していないという点です。このことは自明として、わが国における木造建築の意匠上の変遷が先達により叙述されて来たものの、事の重大さはその認識をはるかに超えていた部分があるのです。

ここでは、日本建築の意匠、それも宗教建築における装飾面に注目して、わが国の建築的変遷をごく簡単にたどったうえ、今日目にする建築の外観がいかに危ういものかということを、筆者の木地色付けに関する研究を通じて示していきます。

装飾面から見た日本建築の流れ

日本建築、とりわけ宗教建築は、近世以前の二度にわたるエポックによりその様相は大きく変化しました。一度目は六世紀の終わりにおける仏教建築の伝来時であり、二度目は十二世紀の終わりから十三世紀にかけて中国から伝わった新建築様式の導入時です。

まず、仏教伝来時でいうと、象徴的な建築である法隆寺金堂が現存します。法隆寺金堂には内部空間の荘厳を図るために彩色が施されており、建物下方の柱と柱の間に設けられている土壁には、安置されている仏像群を取り囲むようにして四方浄土の仏画が描かれています。建物上部の四方の土壁(小壁)には飛天の彩画が、さらに天井廻りには蓮華文や宝相華文《ほうそうげもん》などが描かれています。今日では不明瞭となりつつありますが、外部の木部も内部同様、赤系統の顔料である丹土《につち》によって元々塗装されていました。この彩色による建築荘厳の度合いは、寺院における中心的建築である金堂(その後の本堂に当たる)などのほか、五重塔や三重塔といった塔の建築の内部に顕著で、その傾向は時代が進むにつれ荘厳の度合いを増していきます。

さらに平安時代に至ると、浄土教信仰の貴族層における普及により、一時代を画すといって良い装飾的な建築が出現します。いわゆる浄土教建築の出現で、法成寺、平等院、法勝寺など、多くの装飾的な建築

を有した仏寺が建立されました。これらの建築は浄土世界の地上再現がデザイン上のテーマとなり、多くの建築は失われているものの、平等院鳳凰堂(京都府宇治市、天喜元年・一〇五三年建立)や中尊寺金色堂(岩手県平泉町、天治元年・一一二四年建立)などの建築にその一端を見ることができます。平等院鳳凰堂は彩色を主体とし、ごく一部に漆塗や飾金具を採り入れ荘厳が図られています。一方、中尊寺金色堂は浄土世界を表現するに当たり「光」「輝き」などをキーワードとし、「金」や「漆」を多用することにより、その具現を図った建築です。この二棟の建築は、仏教建築伝来以降に展開した建築様相、すなわち装飾性豊かな姿を示す建築の典型といえるでしょう。

十二世紀の終わりになると、それまでの様相とは大きく異なる様式建築が中国から伝来しました。中国宋様式建築の伝来で、当時奈良東大寺の再建に尽力した僧重源により導入された大仏様式と呼ばれる建築がわが国に出現したのです(奈良東大寺ほか。兵庫県小野市所在の浄土寺浄土堂はその代表例で、建久三年・一一九二年建立)。十三世紀になるともうひとつの宋様式建築が伝来しました。すなわち禅宗様式と呼ばれる建築の伝来で、この建築様式は軸部、組物などの構造形式とその架構法に特徴が見られるもので、その後の時代の建築に大きな影響をもたらすことになります。それまでの寺院における中心的な建物が、彩色を主体とした手法によって荘厳が図られているのに対して、禅宗様式建築では、組物を中心とする構造や建物上部の架構法、さらには木部細部の意匠化により、堂内空間の荘厳が図られています。換言しますと、仏教建築伝来以降、主役の座を占めてきた彩色手法による建築の荘厳は、その後近世に至るまで一時影を潜めることになるのです。

再び彩色などの装飾を伴い建築の荘厳化の動きが台頭するのは近世に至ってからのことで、日光東照宮や輪王寺大猷院に見られる建築はその代表的な建築です（以下、輪王寺大猷院の建築も含めて、ここではこれらの建築を日光建築と総称します）。日光建築の特質を一言でいうと、当時の建築ならびに美術工芸、すなわち近世初頭における造形美術に関するあらゆる手法を駆使して建設された建築といえます。その装飾要素は、絵画を含めた彩色をはじめ、多彩な技法による漆塗、飾金具、彫刻などで、当時の工匠はこれらを総合的にアレンジし、それまでの時代には存在しなかった建築を出現させました。

以上、古代から近世初頭までのわが国の宗教建築にみられる装飾面の様相の概略を記しましたが、問題はこれ以降、近世後期に向けての建築様相の移り変わりに関する叙述にあります。それはおおむねつぎのように説明されます。すなわち、近世初頭の日光東照宮をはじめとする江戸幕府による霊廟建築の造営は、その後全国各地の装飾的な宗教建築などに影響を及ぼすことになりますが、さらに時代が進むと彩色や漆塗が施された建築は減少の途をたどり、やがて塗装や色付けが行われないいわゆる白木（素木）造りの建築がその首座を占め、明治時代を迎えることになります。

この近世中期から後期に至る建築様相、素木建築の台頭に関する言説は大方通説となり、日本建築史の大系の中でもそのように語られてきました。しかしここには重要な建築的段階が抜け落ちていました。この点をつぎに示してみることにします。

図１　仙台東照宮本殿（重要文化財）（宮城県仙台市；著者撮影）

素木建築は果たしてすべてが素木か？

現在素木造りと見える建築のすべてが建設当時から素木の建築とは限りません。このことを二棟の建築をあげて示してみます。

まず、宮城県仙台市に所在する東照宮本殿をあげます（図1）。この建物は仙台二代藩主伊達忠宗により承応三年（一六五四）に建立された建築で、現在の建物外観は、おそらく誰が見ても素木造りの建築としか見えないことでしょう。ところが建物内部は、溜《ため》塗《ぬり》と呼ばれる透漆《すきうるし》塗《ぬり》技法により見事に色付けられています（図2）。実は外部も元々はこの溜塗により全体が塗装されていたのです。溜塗とは、その発色ならびに漆塗特有の艶により木地の木目を際立たせ、建築の美的効果を上げることができる漆塗技法のひとつで、江戸時代初頭には建築を彩る塗装技法としてわが国各地で使用されていたものです。[注1]溜塗

図 2　仙台東照宮本殿内部の溜塗（宮城県仙台市；著者撮影）

図3　妙義神社本殿・幣殿・拝殿(重要文化財)(群馬県妙義町；著者撮影)

による塗装効果をより際立たせるために建築用材としてケヤキが多く用いられています。仙台東照宮本殿も、もちろんケヤキによって建築されています。

しかし、この塗装は紫外線の影響できわめて褪色、退化しやすい欠点を持っており、時を経るとその痕跡すら残らなくなるのです。その結果、外部に塗られた溜塗による色付けは完全に消え失せてしまい、本来は塗装されていた建築が、今日では素木造りの建築と勘違いされてしまうことになるのです。溜塗と同じように塗装された部分が退化しやすい漆塗技法として、このほかに摺漆《すりうるし》塗《ぬり》や春慶漆塗などがあります。これらはいずれも透漆技法として分類されるものです。

つぎに群馬県妙義町に所在する妙義神社本殿・幣殿・拝殿(図3)、唐門(図4)をあげます。江戸時代における妙義神社は、別当石塔寺が上野寛永寺の末寺に組み込まれ、寛永寺の座主輪王寺宮の支配下となっていました。

本殿・幣殿・拝殿、唐門は、宝暦六年(一七五六)に建

図４　妙義神社唐門（重要文化財）（群馬県妙義町；著者撮影）

立された建築で、この工事に起用された多くの工匠の大半は、江戸からこの地にやってきました。このことは寛永寺の存在が大きく関わっていると考えられますが、本殿・幣殿・拝殿、唐門は、日光建築の影響を随所に見せる装飾性豊かな建築です。

この妙義神社の二棟の建築は、昭和時代の終わりに文化財としての保存修理が行われ、調査の過程で建築当時の姿が解明されました。このうち、修理前の唐門では、柱や貫をはじめとする軸部や扉などの大部分は塗装などの色付けを行っていない素木の状態で見えていました。ところが、木部についていた金具をはずしたところ、金具取り付き部の木地面には、建設当時に施されていた木地色付けの状態がほぼそのままの状態で残っていたのです（図５）。

当時、この色付けがどのような方法で行われたものであるかを判断できる専門家がいませんでした。そのため、この色付け方法を究明するための調査は難航しまし

図 5　唐門金具下に見られた木地の色付け(妙義神社、群馬県妙義町；著者撮影)

た。現地における観察に加え、文献調査と科学的な手法を用いた色付け材料の分析調査、ならびに得られた情報に基づき行った色付け実験の結果、この色付けは染色技法によるものであることが突き止められました。すなわちつぎに述べます日光建築に用いられていた色付け技法と同様の染色技法により、妙義神社の唐門と本殿・幣殿・拝殿の素木と見られていた部分は、元来赤茶色に色付けられていたことが分かりました。染色による色付けは溜塗などの透漆塗以上に紫外線に対して脆弱で、数十年も経たないうちにその色付けは失われ、あたかも木部表面は素木の状態に見えてしまうのです。

以上、本来は色付けされていた建物が、時を経ることにより素木造りの建築に見間違えるものとなることを紹介しました。近世という時代は、それまでに形成された建築、美術工芸の造形技法・手法のすべてを導入して、過去には見られなかった新たな造形活動を実践しようとしたダイナミックな時代でした。このうち、溜塗や染色

技法による木目を際立たせる装飾手法は、この時代における前衛的な木地色付け手法として普及したものの、耐久上の欠点からその後建築を彩る装飾技法として採用されることがほとんどなくなってしまったのです。そのため、この技法に関する情報もその後の時代に伝わらなくなり、日本建築の姿をたどる上で重要な段階が見落とされる結果を招いてしまったといってよいでしょう。

さて、妙義神社の建築は日光建築の影響を受けていると述べました。では、肝心の日光建築の建立当時の姿とはどのようなものであったのでしょうか。この点をつぎに見てみましょう。

日光建築の本来の姿

実は、日光建築の本来の姿は、妙義神社の保存修理を通しておおよそ明らかとなり、今日見られる建物は、建立当時の姿と大きく異なっていることがわかりました。当時の姿が今日のものと最も異なる部分はどの部分であるのか、それを東照宮陽明門(図6)で見てみましょう。

陽明門は徳川家康を祀る本殿・石の間・拝殿の前方に唐門を介して立っている建物で、おそらくわが国で最も多くの人々が実際に目にしている建築の一つであるといって良いでしょう。現在軸部を中心とした部分に白色顔料である胡粉が塗られており、この胡粉塗以外の木部は漆塗と彩色技法によって塗装され、見事な装飾美を見せています。この白色部の大部分は、当時日光建築において「渋鉄染石灰摺《しぶてつぞめせっかいずり》」と呼ばれた技法で色付けられていました。[注2]

渋鉄染石灰摺とは、木地(原則としてケヤキ)表面に染料としての「柿渋」を刷毛塗りし、これを媒染剤で

図 6　日光東照宮陽明門(国宝)(栃木県日光市；著者撮影)

図 7　日光東照宮陽明門に見られる胡粉塗(栃木県日光市；著者撮影)

ある「鉄漿《てっしょう》」で染色した後、白色の粉である「石灰」を木地面に摺り込み、さらに余分な石灰を拭い取るために、植物性油（白絞油）を染み込ませた布などで木地の表面を磨き上げて仕上げる一連の工法を示す仕様名です。鉄漿（液）の作製方法は何通りかありますが、最も簡便な方法は米酢の中に鉄製の古釘を浸漬して作製する方法です。

この鉄漿原液に水を適宜加えて希釈したものを媒染液として用いますが、媒染を繰り返す回数によってケヤキの木地表面は淡い褐色から次第に色が濃くなり赤味を増し、最終的にはやや青味がかった黒色を呈するまでになります。実はこの途中段階で、ケヤキ木地は唐木と総称される銘木の一つである「紫檀」に見間違えるような外観を呈するようになります。すなわち、今日陽明門で胡粉塗によって白色に色付けられている部分は、かつては紫檀のような赤黒い発色と材質感を見せていたのです。もちろん、この着色はケヤキ特有の木地をそのまま見せて隠すことはありません。隠すどころか、実際は図8の右端にあるように、その木目を強調するために同所に石灰が摺り込められていたのです。注目すべきは、当時の庶民がこのように色付けられた陽明門の柱を「唐木造の御柱」と呼んで崇めていたことです。[注3] 陽明門のほかに日光東照宮本殿・石の間・拝殿、唐門といった東照宮の各建築はもちろん、輪王寺大猷院の各建築など、現在の日光建築に見られる白色塗装部の大部分は、ここに述べた渋鉄染石灰摺の技法によってかつては色付けられていたのです。

以上のように、日光建築は現在とはまったく異なる意匠をもって創出された、当時としては人の目を瞠らせた前衛的な建築でした。では、なぜこのような日光建築が生まれたのでしょうか。このことを解く鍵

図８　ケヤキ板着色実験手板　右端が渋鉄染石灰摺によるもの（著者作製）

が、日光東照宮本社殿の一角である拝殿に設けられている部屋などにあります。

拝殿には「将軍着座の間」と「法親王着座の間」と呼ばれる部屋があり、その天井や壁面には見事な彫刻が現在も見られます。この彫刻部には実際の唐木類が用いられています。徳川三代将軍家光は、家康を祀る霊廟東照宮を建築するに当たり、その荘厳計画を練る中で美的効果のある唐木をふんだんに使用することを考えたことが、前記の二部屋の設えからわかります。唐木を大胆かつ大量に使用した建築はおそらくそれ以前には存在していなく、歴史上存在しない建築美を誇る建築を、家光は篤く慕う家康を祀る霊廟の建築を造営する際にこの世に出現させようとしたのでしょう。

しかし、家光といえども計画を完全に成し遂げることには無理があり、想定したとおりに唐木を用いることは不可能であったに違いありません。唐木は

南洋産の樹木であり輸入材です。それゆえおそらく当時も高価なものであったでしょう。かりに潤沢な建築費の準備があったとしても、大量の唐木を限られた時間内に準備することは困難であったに違いありません。そこで考えられたのが国内産のケヤキを用いて唐木に見せかける手法を導入することでした。調達上限らざるを得ない実際の唐木の使用は、前記した「将軍着座の間」などの要所を飾る彫刻部などに用いることにし、その他の部分はケヤキを染色技法によって色付けて唐木に代える施工方針が掲げられたのです。この発案の主が家光か、それとも当時の大工棟梁かどうかは分かりませんが、その技法導入の最終決定権は家光が握っていたと考えて良いでしょう。

ところで、古代における唐木使用例というと正倉院宝物類が知られています。しかし、唐木を建築に用いた例がすでに古代にあることはあまり知られていません。当時の建築は現存していませんが、奈良薬師寺金堂の天井材に紫檀が用いられていたことが文献からうかがい知れます。[注4] 正倉院宝物に唐木が用いられていること、奈良薬師寺金堂では、堂内空間のうちで最も重要な荘厳部分と言える天井に唐木が用いられていることからしますと、当時の唐木使用には特別の意味が込められていたように思われます。唐木の持つ美的な外観になんらかの意味、あるいは価値を見出してその使用は図られたに違いありません。古代における この唐木の美しさを愛でる美意識、あるいは唐木に対する価値観は、中世、近世の人々の意識にも通底し、このことが家光の日光東照宮建設時における設計意図の基となっていたと推察されるのです。

いずれにしても、家光は染色技法を建築木部の色付け技法として採用することにより、国内産のケヤキを用いてそれまでの時代に存在しなかった「唐木造りの建築」を創出しました。しかし、この染色技法の

持つ耐久上の欠点までは思いが至らなかったのでしょう。同所の木部表面の風化と汚損により、当初の色付け効果をその後の修理時で再現することは不可能なことが明らかになり、渋鉄染石灰摺により色付けられた部材箇所は、ある時期から今日見られるような胡粉塗にその後取って代わったのでしょう。注5

なお、ケヤキを染色して唐木に見せかける手法が江戸時代に普及していたことは、「唐木まがい」「唐木色附」「唐木摺」などの一連の色付け仕様名が、当時の建築仕様書などの文献史料に記載されていることから明らかです。注6

ブルーノ・タウトと日光東照宮

近世初頭から建築用材としてケヤキが多用されるようになったことは以前からよく知られています。その理由をケヤキの持つ木目の特徴、美的な側面のみに求めることは十分ではありません。当時におけるケヤキの導入は、その色付け技法と連関していると考えるべきです。すなわち、溜塗をはじめとする透漆塗や日光東照宮で試みられた染色技法により色付けられた建築美を建築に関わる人々が求め、それが当時の多くの人々に受け入れられたことが、その後のケヤキ造り建築の普及に繋がったといえるでしょう。今日多くのケヤキ造りの建築は素木の建築として私たちの前に姿を見せていますが、このうちには色付けされていた建築があることを知る必要があります。

ところで、近代以降これまで、「素木信仰」と表現したくなるような根強いひとつの建築観が展開されてきました。この思潮に大きな影響を及ぼした建築家がいます。昭和八年(一九三三)に来日し、三年半ほど日

本に滞在したドイツ人建築家ブルーノ・タウトがその人で、彼は『日本美の再発見』などの著者として著名です。同時に彼は日光東照宮の建築を酷評し、桂離宮を高く評価した建築家としてよく知られています。ブルーノ・タウトのこの評価は、その後日本文化の特質を考える際の日光東照宮と桂離宮を対比して語る二元論的言説へと転化し、今日までの日本文化論の形成に大きな影響を及ぼしました。[注7] かりに、本来の姿の日光東照宮をブルーノ・タウトが見ることができたなら、彼はこれらの建築群をどのように評価したでしょうか、興味は尽きません。この建築群の本来の姿は、彼の見たものと大きく異なるものであったのですから。

冒頭に記したように、現存の歴史的建築は、構造、意匠とも建築当初のものから変化している場合がほとんどで、建築当時の姿を的確に把握することは困難な作業を伴います。とくに塗装をはじめとする色付け手法により荘厳された建築は、時間の作用によりその姿は大きく変化し、私たちの建築理解に大きく影響しています。私たちが今見ている建築は本来の姿を見せていないということを、まず知ることが大事なのです。とくに日本の文化やその建築美の特質を考えようとする場合は、この点に注意すべきでしょう。

●注および参考文献

注1　溜塗は現在でも知られている漆塗技法ですが、明治以降とそれ以前では技法内容が異なる場合が多く、したがって、近世における溜塗を現在のものと同一視することは非常に危険なことです。近世における溜塗は本稿で説明しているように、木材の木地を見せる漆塗技法であることが多く、木地を見せるように塗る溜塗と木地が見えなくなる溜塗技法とを区別する必要からしても、前者を木地溜塗と呼ぶことがその技法理解にとっても叶っていると

筆者は考えています。

注2　日光大猷院各社殿の宝暦修理時の幕府作成台帳『日光御霊屋御脇堂結構書』の随所に「渋鉄染石灰摺」の仕様名が書き上げられています。一方、同じく宝暦修理時の日光東照宮各社殿の装飾仕様書『日光御宮並御脇堂社結構書』では、石之間（幣殿）、拝殿などの木材が「槻木地」と書き上げられているのに対し、本殿の柱等は「唐木木地」となっています。この違いをどう解釈するかの課題が残っています。

注3　いわゆる日光火消役として日光山中に勤務した八王子千人頭植田孟縉が著した『日光山誌』（文政七年本・一八二四年）中の陽明門に関する記事につぎのとおり見られます。

此丸柱彫物せしを石灰摺にして、其上を鉄醤にて磨き揚たるものなり。是を唐木仕揚と号するゆへ、土人等唐木造の御柱と唱ふ。

注4　藤田經世『校刊美術史料　寺院編上巻』（中央公論美術出版、昭和四十七年）、奈良六大寺大観刊行会編『奈良六大寺大観　第六巻　薬師寺全』（岩波書店、一九七〇年）所収の『七大寺日記』『薬師寺縁起』を参照。

注5　文政九年（一八二六年）の今井中稿本『日光巡拝図志』では陽明門の柱に関連して「後の方柱四本ごふんぬり州浜を刻めり」と記されています。当初の色付けから現在見られるような胡粉塗に変わった時期はこの頃からと推察されるます、詳細は現時点で不明です。

注6　前掲注3の『日光山誌』のほか、『古今佐倉真砂子』、群馬県群馬郡榛名町に所在する榛名神社本殿・幣殿・拝殿（県指定建造物）の建立時の文書『榛名神社御社頭御造替仕様書』などに「唐木まがい」等の記載が見られます。

注7　桂離宮を日本美の典型とする明治以降、現代に至る日本文化論形成の様相は、井上章一『つくられた桂離宮神話』（弘文堂、昭和六十一年）に詳しく記載されています。

第10章　なぜ法隆寺は千三百年建ち続けることができたのか

小川三夫氏　プロフィール

鵤工舎（いかるがこうしゃ）舎主。宮大工。

修学旅行で訪れた法隆寺の五重塔に感動し、卒業直後、西岡常一棟梁の門を叩くが一度は断られる。文化財建造物日御碕（ひのみさき）神社、酒垂神社で修復工事に携わる。1969 年に西岡棟梁の内弟子となる。法輪寺三重塔、薬師寺金堂、同西塔の再建に副棟梁として従事。1977 年、寺社建築技法の伝承を根幹とする「鵤工舎」を設立され、以後、後進の指導育成に努め、全国各地の寺院の再建・修復工事をおこなっておられます。主要著書には『木のいのち木のこころ、地篇』（草思社、1993）、『不揃いの木を組む』（草思社、2001）などがあります。

伽藍造営には四神相応の地を選べ

自分は西岡常一という棟梁について学んだ大工です。仕事中は無駄口をたたくな、黙っていろ、と常々言われて育った人間なので、こういう場で話をするというのはちょっと場違いなんですけれども、感じることを話してみます。

千三百年建ち続ける古代建築、それと、西岡棟梁から学んだ鵤寺工《いかるがじこう》の口伝というものがあるんです。それをあわせて話をしてみます。

まず、伽藍を造るのに、場所の設定をしなくちゃいけない。どこへ建てるかということです。それはですね、口伝の中に「伽藍造営には四神相応の地を選べ」というのがあるんです。それは、東西南北に守り神のいる地形を選びなさいということです。その地形は、東に清い流れがあって、南は沼、沢がある、ちょっと低くなっている、西に大きな道があり、北に小高い山を背負っておるという地形を選びなさい、ということです。

でも、そうはいわれても、なかなかそういう地形はございません。そのときには、東に川がなければ、柳九本植えろ、というようなことが『愚子見記《ぐしけんき》』という本の中に書いてあるんです。そして、南に沼、沢がなければ桐の木を七本植えろと、西に道がなければ梅の木を八本植えなさいと、そして北に山がなければ槐《えんじゅ》の木を六本植えろ、というようなことが書いてあります。

まあ、法隆寺はちょうどそのような地形になっておりますよね(図1)。ＪＲ法隆寺駅から法隆寺へ向か

図 1　法隆寺近辺の空撮写真（アース・クリップ 25000）

うと、だんだん、だんだん高くなっております。そして、法隆寺の裏には矢田山系の山を背負っております。東には富雄川が流れております。西に大きな道があったというけれど、どの道かちょっとそれはわかりませんけれども、ま、昔はあったんでしょう。そういう地形に建っているということです。

伽藍造営の用材は木を買わず山を買え

次に、木工事が始まります。木工事が始まる場合には「伽藍造営の用材は木を買わず山を買え」というものがあります。木を買わず山を買え、それはですね、ま、木一本一本見るよりも、山の環境を見て買いなさいということでしょうな。木は山の土質でその材質が決まります。山の環境によって木のくせが生まれます。そのころの木というものは桧のことを言ったんだと思います。ヒノキはなんですかな、伐採してから二百年ぐらいの間は強くなっていくと言います。自分たちも、百年ぐらいの建物を解体修理したときにですね、その、釘が堅くて抜けない。もう、堅くて堅くて、釘の頭がピンピンピン切れてしまうぐらい、締め付けて堅くなっているから、やはり木もだんだんだん強くなっているのだと思います。

そのようなことですから、法隆寺の昭和大修理のときに取替え材が三十五パーセント、あとの六十五パーセントは千三百年前の材をそのまま使っていると西岡棟梁から聞いております。これが欅や松で、もし法隆寺が造ってあったのであれば五百年ぐらい、杉で八百年ぐらい、桧だから千三百年以上もまだ塔を支えていたというようなことだと思います。

それはですね、自分たちは、こういうんですね、木にも寿命がある。この寿命というのはわかりません

けども、桧、桧葉《ひば》でだいたい二千年、そして杉で千年、松で六百年、それが植林したのでは実生のときから育った木から比べると半分ぐらいの寿命であるということ。自分たちはそのように言っておるんです。ですから、木の寿命と伐採されてから使われてきた寿命が、それは同じようなもんではないかと思います。ですから、その桧の強さを知っていた古代工人がいたのでしょう。ほとんど桧だけで法隆寺を造ったという、それには感心しますね。

元口か末口か

その使用した用材、それは、寺の後ろにある矢田山系におそらくあった木材であろうと思います。そのときに、金堂の柱、今使われている法隆寺の金堂の柱、直径六十五センチ位です。これは、芯持ちではない、ほとんどが芯去りの材料で使われているわけです。ですから、一メートル五十センチ位の原木でしょう。それを二つ割、四つ割にして、柱をとったというようなことなんでしょうけども、それだけの大きな木が、法隆寺の後ろのほうにはあったんではないかと思います。今はその跡も何もわかりませんけども、そんな感じがします。それで、山である程度柱型に成型して、そして運び出す。そのときに、今思うんですけども、その一メートル五十センチ位の材料を二つ割にする技術というのはどうやってやったのか、ちょっと考えつかないですね。

元から割ったのか、末から割ったのか、側面から石を割るようにして楔を入れて割ったのか、それはちょっとわかりませんけども、まあ、考えるのに、皆さんがよくいう話で、話は元から割は末から、とい

う言葉がありますよね。話は元から始まる、しかし割は末から割る、ということなんですね。割は末から。しかし、また、別な人は木元竹裏《きもとたけうら》といいますね。木は元のほうから割って竹は末から割るというようなことなんでしょうけども、しかし、いまの製材所はほとんど末口から鋸を入れるんですね。鋸を入れるときに、末から割ると細くなっていますが、そこで鋸入れして挽くということが一番無駄がないことなんです。

末から割るということ、ま、ほとんどの材木屋さんが末から割っているんですけども、末から割るとですね、鋸のかかりがあって、力はいるが速く切れる、能率が上がるということなんでしょうな。しかし、元口から割った人がいないのかと思い浮かべれば、昔は元口から割った人もいたらしいですね、元のほうから木を割った。そうするとですね、その元口から割ると、木が育つ順目に沿って割るんですけども、そうすると鉋のかかりが少なくて、力があまり要らないんですけども、能率は悪いということなんですね。

で、竹はそれを仕事にしている人にですね、竹をどっちから割るか聞いたら、桶屋さんなんかは末から割る。ほとんどの人がだいたい末から割るといってますね。竹でも篠竹のように細いのはやっぱり元口からしか割れないらしくて元口から割るといっています。で、また、木の話にもどりますと、末から割るとどういうことになるかというと、加減ができるというんですね。割ったときにですね、加減ができるから割りやすい。ですから、いたや細工をしている人、そういう、木を割って、細くして、そして、籠とか箕を編む人ですね。いたや細工なんかをしている人は、これは末から割ってますね。末から割るっていうことは、割っていくうちに加減ができて割れるんでないかと思います。

旧の八月の闇夜に切れ

自分は棟梁から、竹を切る旬は「旧の八月の闇夜に切れ」ということを聞いておりました。しかし旧の八月の闇夜つったら、まあ十月ぐらいですけども、そうするとまだ早いんですね。昔の言葉でそういってやったんでしょうけども、いまは暖かくなっているせいか、まあ、十一月の終わりのころの闇夜の時に、切ると一番いい。それは、その時に切ると、竹の節がぴたっと水平に止まるのがその時なんですね。竹の節が、上がったり下がったりしてるが、その頃だったらだいたい水平になっておりますね。ですから、木も闇夜に切れとかいう人もいますけれども、まあまあ、竹はそのときに切った竹が一番虫も入らなくていいということですね。

自分が古代人になったとして、一メートル五十センチぐらいの大きな桧を切る、桧を割るというときに、自分が思うのには、木を切り倒してすぐに末から斧を入れたほうがいいと思います。しかし入れるときに、一番大切なのはミズスイといって木を見ると芯割れがちょっとあります。木にはですね、その芯割れを大切にしなければだめです。それに平行に斧を入れて楔を入れて割るという方法が一番いいのではないかと思うんですけれども、それだけの大きな木を割ったことはまだないんで、はっきりしたことはいえないんですけれど、そういうふうな感じがします。

五重塔造営に必要な木材量

法隆寺五重塔（図2）で使われている木材で、千八百五十石（五一四・三立方メートル）ぐらい使うんですね。法輪寺三重塔を造ったときには千百石（三〇五・八立方メートル）、薬師寺の三重塔のときは二千百石（五八三・八立方メートル）使いました。ですからその法隆寺五重塔を造るのに直径一メートル五十センチぐらいの原木を、それを二つに割って、製材をしていくということになると、だいたいそんなぐらいの大きな木が、八十から百本用意しないと、その塔の材料は揃わないということなんですね。ですから、今そんな大きい木がない。今、その法隆寺の五重塔を造るぐらいになるとですね、まあ昔のように芯去りの材でやるわけにはいかないですけれども、まあ千八百五十石の用材を用意するのには、樹齢二百年から三百年経った木を、三百五十本ぐらい用意しないと、塔ができないというようなことなんですね。

ですから千年も建ち続けている寺院建築、その大工の技術もさることながら手入れをしたから現在も建ちつづけているんだと思いますよね。しかしその文化財に指定されている建物を手入れする、たとえば一番弱るのは、柱の根元でしょうな。柱の根元は風雨にいつもさらされますからそこが腐る。だからそれを切って柱を根継ぎするというようなこと。しかしそのときに、日本の文化財の国宝や重要文化財になっているものに、外国の木、外材で根継ぎをするようなことでは、文化国家とはいえないでしょう。

ですから自分が思うのはですね、二百年、三百年先の修理を見越して、これはお寺自身で山を育ててもらわなくちゃいけないと思います。お寺が先頭に立ってそれを皆が協力して三百年先の修理用材を育てる。

それしかないと思います。個人でいくらやっても、個人ではだめです。いまの税制であれは相続税が重くのしかかります。林野庁でも、二百年、三百年先のことですのでわかりません。そうするとお寺でやってもらわないと、何百年か先に修理をするときに、外国の木で根継ぎをしなくちゃならないような文化になってしまうような気がしますね。で、お伊勢さんですけども、お伊勢さんは二十年に一遍建て替えるというんですけれど、もったいないなと思いました。しかしお伊勢さんは自分でその木を使うので、一所懸命、二百年三百年先の建築を見越して、今、山を育てていると聞いたことがあります。

次に、柱立てに入ります。建物の柱を立てるときに、いちばん自分が感心するのはですね、それまでの掘立の柱から礎石立ち、石の上に柱をポーンと立てる建て方を考えた。これをいちばん先にやった人は相当、勇気のあった人だと思います。法輪寺をやっていたときに、石口《いしぐち》拾いというんですけれども、石のうえに柱をちょーんと立てた。そうするとですね、大工が、この柱これでいいかと聞きにきたから梯子《はしご》をもってこさせて、柱一本ぽーんと立っているところに、梯子をかけてですね、柱の上に立ったらばそれで合格です。石口拾いがきちっとできてなかったらそんなもん一緒に倒れてしまいますから、そうしたらそんな危ないことしませんから、一本一本大工に上らせましたね。柱が立ったところに梯子をかけて、そしてその上に立て、ということで検査した憶えがあります。そんなかたちですから、地震に対してはぐらぐらぐらぐらと来た場合でも、ことことことっと動きますから、それはある程度地震には強い。地震で倒れた塔はないと思いますね。台風で倒れた塔はあるんですけども。

図 2　法隆寺五重塔(奈良県；伊東隆夫撮影)

法隆寺五重塔を新築するために必要な用材

法隆寺五重塔を新築するため使用する用材は、製品で 1850 石必要とする。1850 石用意するのに原木をどれくらい集めなければならないのかを考えてみた。

樹齢約 250 年位の原木目通りで周囲の長さ、平均で 2 m 30 cm 位として

・ 4 m で	末口直径	60 cm
・ 8 m で	末口直径	54 cm
・12 m で	末口直径	48 cm
すべて 12 m まで使うと	1 本当り	$3.5\ m^3$
8 m まで使うと	1 本当り	$2.6\ m^3$
4 m だけ使うと	1 本当り	$1.44\ m^3$

1850 石の製品を作るのに原木からの歩止まりを70％とすると、原木が 2642 石必要。2642 石（約 $734\ m^3$、1 石＝ $0.278\ m^3$）

・12 m まで使った場合 $734\ m^3 \div 3.50\ m^3 \fallingdotseq 210$ 本
・ 8 m まで使った場合 $734\ m^3 \div 2.60\ m^3 \fallingdotseq 280$ 本
・ 4 m のみ使うと $734\ m^3 \div 1.44\ m^3 \fallingdotseq 510$ 本

使用する原木の平均の太さ、製品の赤身勝ちの程度*、原木をどれだけ上まで使うのかによって多少の差がある。

実際の法隆寺五重塔は、芯去り材を使用しているため柱、雲肘木などの材を採るには直径 1 m 50 cm 位の大木を用意しなくてはならない。今では不可能に近い。今のように鋸引き製材ではなく、割製材であれば歩止まりは 30％位とすると、原木を 6166 石集めなくてはならない。

* 柱材などに白太が入るとよくないので、赤身が普通以上に多い材が好まれる

木組みは寸法で組まず木のくせを組め

次はですね、「木組みは寸法で組まず木のくせを組め」というのがあるんです。「木組みは寸法で組まず木のくせを組め」、それは、どういうことかというと、まあ、法隆寺の五重塔を考えてもらって、真ん中に心柱が入っております。心柱が、計算どおりに造ってあったのでは、何百年か先には瓦の重み、木の収縮、壁の重みでずーっと低くなるんです。ですからその低くなる、その低くなって落ち着くまでの寸法をちゃんと計算して、短く切り縮めておくということをするわけですね。ですからそれが落ち着くまでは本当にぐらぐらなんです。塔は今の薬師寺を造ったときでも法輪寺を造ったときでもぐらぐらです。ですからその三重目ができたときに、隅木（図3）の鼻をのこぎりで切るわけです。のこぎりで切る、そののこぎりで切るだけで、あの塔は動くんです。がさーんがさーんと動いてしまうんです。

図3　隅木（醍醐寺五重の塔、京都市；メヒティル・メルツ撮影）

　ですからその上に瓦を載せるんですか

ら、瓦を載せる時には、こっちで一枚載せた後そっちに一枚載せ、こっち一枚載せ、こっちも一枚載せ。一方方向から載せたら、すこーんとひっくり返ってしまいますね。そんな感じですから、五重塔は心柱を真ん中にして、井桁に木を組んであります。その井桁に組んである木がですね、これが右にこう曲がるくせのある木、そしたらこっち反対側にある木はこれも右に曲がるくせのある木だったら、塔をぎゅーっと歪めてしまいますね。ですからそれが右に曲がるくせがあったら、こっちに左に曲がる木のくせをもってきて組んでないと、その塔はまっすぐに立っていない、ぎゅーっと曲がってしまうということなんです。

図2は法隆寺五重塔ですよね。この法隆寺五重塔の前を通ったときに、ずうーっと西岡棟梁と法輪寺の仕事をするとき通っていたときにですね、あるときに、法隆寺の五重塔は安定していて動きがあるだろうと言われたんですね。安定というのは、上が小さくなってます、それと一つ一つの木柄《きがら》が太いですから、安定というものは出ます。しかし、動きがあるだろうということはちょっと自分はわからんかった。そしたらですね、また三カ月位したときに、西岡棟梁は松の枝を見てみなさいと言う。松の枝っぷりというのは、一の枝がはって、二の枝が中へちょっとはいります、三の枝が出て、四の枝がはいる、とこういうふうになっているというんですね。ですから、この枝は、見えて、これがちょっとはいるって、でこれがこう出ると、これがはいると、こうなるという。（この枝は下から見えて、次の枝はちょっと入るから下からは見えない。でもその次の枝はまた出るので見える。その次は内に入っているので、また見えない、と、こうなるのです）五重塔を下から見るとですね、二重はちょっとはいってます。ちょっとこうはいっているように見えます。で、三重から上はちょっとぼうっとしてわかんないですけど、そのように見えます。ですから、たとえば

軒の反りがこう反っている。こっちが反っている、こっちがそんなに反らない、反って、反らない、反ってると、いうような感じに、見えるんではないかと、そんなふうに思っていて、しかしそれは、まあ目のちょっとした錯覚かなと思っていたんですね。

それで、今度は薬師寺に行きました(図4)。薬師寺の復興するときにですね。この東の塔、東塔をすべていろんな角度から測ったんです。測って、そして割り切れる数字、それがこの当時使われていた天平尺です。今の一尺は三十・三センチ位ですけれども、そのころは、二十九・六センチ位ですね。ちょっと今よりも短く作ってあるわけです。それがわかって次に、薬師寺の伽藍の復興をするわけです。そのときにですね、この三重塔、これを復元したときに斗栱《ときょう》、組物の真~真がですね、初重のこの真~真が天平尺の二十四尺あるんですね。ほんで、三重目の斗栱の真~真もちょうど十尺にできておりました。そうすると、この真ん中の二重目がだいたい真ん中の数字である十七尺にもってくるだろうと思うんですけれども、そうでなかったんですね。十六尺八寸六分、ですから五センチ位、この胴が絞られてるってことなんですね。で、軒の出は一緒ですからこう見ると、やはりこうちょっとこうはいると、胴が絞られているというような感じに造られているわけですね。

で、この一番下の裳階《もこし》をみてみます。裳階ですけども、この柱が、これはまっすぐには立ってないんです。やはり、柱根は基壇に目をとられます。そうするとここが空間です。柱の上は広がったように見えますよね。そのように見えないように、二十一ミリ内側に傾けてあるのです。内側にですね。ほんで、柱の上も軒が反っているために、隅の柱が長くなっているんですね。水平であれば、起って見えてしまいます

図4　薬師寺西塔の図面(著者原図)

から、そうじゃなくて隅のび（隅の柱が少し長くなっている）があるということなんです。ですから、昔の大工さんが、松の枝、そういうものにヒントを得て、そういうふうに造ったのか、目の錯覚、視覚を矯正して造ってあるのかわかりませんけれども、この当時の工人の人はすごい美的感覚をもって造ったんだと思います。

木は生育の方位のままに使え

それと、木の使い方なんですけども、昔の木の使い方は「木は生育の方位のままに使え」というのがあります。口伝の中に、木は生育の方位のままに使え、これはどういうことかというとですね、木、山にあるそのままを、建物になってもそのままの方向、向きに使いなさいということなんです。これは東大寺の転害門（図5）という門を見てみます。これは、奈良時代の国宝の門、西の門ですから、これは西向きです。今度はこう、南から見てみます。そうすると南のほう、いちばん陽にあたるところに、この節だらけの面がでてくるわけですね（図6）。そうすると、山にあるときに南に枝が出ますから、このように使ってあるというんでしょうな。古代工人の木の使い方はこういうもんだと思います。写真では見えないんですが、後ろのほうにですね、北側にある柱はですね、節がなく、すかーっときれいなのが、誰も見えない所に、その木が使われております。

そんなような感じで、口伝は終わっているんですけれども、今日ちょっと来たから、口伝、そういう話よりも、もうひとつはですね、自分、その、今までこういう仕事をしてますから、大きな木を扱っており

ます。その時にですね、ちょっと気付いた事があるんで、その話ちょっとしてみますね。木材の乾燥のことなんですけれども、十年位前に、欅を水の中へぷっこんどいたら、そうしたら、そのうちに上がって、浮いてきたというような話を聞いたことがあります。それはですね、ま、自分たちもですね、水の中に木を浸けて乾かす、水中乾燥というんですか、水の中に入れて木を乾かすということを聞いたことがあるんです。自分たちが、ちょうど五年ぐらい前ですけれども、直径が、二尺八寸ぐらい、一メートルにちょっと足らないぐらいの、長さが六メートル、皮付きの原木の桧丸太をですね、池の中に入れたんです。それこそそのままでは浮いてしまいますから、大きなコンクリートの塊を付けて、水に浸けておいたと、沈めておいたと。それを、五年ぐらい経ったときにレッカーでその物を引き上げたことがあるんです。引き上げて、その丸太の中心部をチェーンソーで挽き割ったんですね。そのときに、その白太は、もう水を吸ってスポンジのようになっておりました。しかし赤身が、この切った面がとっても、もぁーっと温かいんです。ものすごくもぁーっと温かくて、その切った断片はですね、ものすごいむせかえるような桧の香りがするんです。

で、それを今度また二カ月ぐらいたったときにですね、丸太の芯を抜くために、十二センチぐらいのドリルでその丸太の芯を抜いたんです。そしたらその材木の木口のドリルのかすも、中心部のドリルのかすも一緒ですね、乾燥度、ちょっと湿ってるかなという感じはしましたけれども、その木口のほうも中心部のほうも一緒の乾きでした。それを加工して、今、柱型に作ってあるんですけども、今見るとですねやはり木肌が少し油をぬかれたように見えますけれども、まったりとおとなしい木になっておりますね。です

図 5　転害門全景（正面は西向き）

転害門南の柱（左側が西向き、手前の柱は南向き）

図 6　転害門（東大寺、奈良市；伊東隆夫撮影）

からそのときに感じた、自分たちはわかりませんけれども、水の中にだぽっと五年ぐらい入ってたんですけれども、その切った時、その中が温かいというのがものすごいヒントになると思うんです。温かいんですね。でも、それがですね、この前九年目ぐらいにまた上げたんですけれども、そしたら、もう油気のない艶のない木になっておりました。木を水中乾燥させるということをしても、ま、桧系の材木であって、他の材木でやっていないですけれども、まあ、五年ぐらいが限度で上げた木というのは、ほんとに穏やかなまったりした木になっておったと思いますね。

芯仕事と面《つら》仕事

今では、職人さんは芯仕事をしないですね。昔の人は芯仕事ですからいくら曲がっていても、芯を通した、芯からの寸法を取ればどんな建物でもできるわけです。建具屋さんはそういうことはしません。建具の材は小さいですから面仕事、面から全部計算をしていって作るわけです。今のように木工機械が発達すると、芯仕事じゃなくて、まっすぐに面がみな通る仕事をするわけです。そうすると芯仕事をすることが忘れられてしまいます。そうすると、今度山に入ったときに、曲がっているからこの木は使えないといってみんな切ってこないです。まっすぐにとれる木ばかり使います。ですから、職人さんはどんな木でも使って、例えばこの山の木全部でひとつの家を建てると、それぐらいの器量がないと、資源のことを考える時には難しいでしょうな、今のような面仕事だけでは。精密な木工機械が出来て能率は上がりましょうが、扱いやすい木だけを使い、真っ直ぐに面が通らない木工機械が使えないような木は山に残します。うちの

若い子もそうですよ。面からの計算ばっかしでやるようになってますよね。ですから、芯仕事ができないということが、その資源というんですか、曲がった木とかなにかを使わないということになってしまって、資源が使えるものも使えないということになってしまったんじゃないですかね。

第11章　木材の老化を考える

横山　操 氏　プロフィール

日本学術振興会特別研究員（京都大学生存圏研究所）。

専門は木質科学。低温領域における木材の誘電緩和に関する研究で京都大学農学博士号を取得されました。現在は、全国各地の文化財建造物の修理工事現場に足を運び、取替え古材の提供を受け、木材の経年変化の解明に向けた研究をおこなっておられます。京都に生まれ育ち、その伝統文化と絆を大切にされ、古材についての研究を展開されています。

古都と歴史的建造物

わが国には、多くの歴史的な木造建築があります。千二百年を超えて現存する正倉院正倉に代表されるような長寿命の木造建築、そして、これらの建造物に用いられている木材こそ、適切な使用環境においては、木材が非常に優秀な長寿命材料であることの証明と言えるでしょう。わが国の歴史的建造物は、ユネスコの世界文化遺産にも指定されています。日本では、文化遺産として四件の建造物群が登録されていますが、[注1]法隆寺地域の仏教建造物(登録一九九三年)、古都京都の文化財(京都市、宇治市、大津市)(登録一九九四年)、古都奈良の文化財(登録一九九八年)などが所在する京都・奈良、その中間の宇治にある研究所で、私は、京都・奈良の社寺をはじめとする関係者の方々のご理解とご協力に恵まれて、木材の経年変化の解明に向けた研究に取り組んでいます。

現在においても、文化財建造物などの修理工事における建築部材の取替え判断は、多くの場合、長年現場で培われてきた経験や勘に支えられていると言っても過言ではありません。そこで、「木材はどのくらいもつのでしょうか」という問いに対して、木材科学者として科学的根拠によって答えるための努力をしています。もし、私たちが、木材の材料としての寿命はどの程度か、という問いかけに答えることができれば、文化財の修理の判断に役立つだけでなく、今ある木材をできるだけ長く有効に使うことができ、地球の資源と環境を守ることに繋がるからです。

木材の老化とは?

人間が生まれ、成人し、やがて老いること。また、ゴムのボールが使っているうちに弾まなくなること。生物も材料も、時間を軸に考えると、さまざまな変化が生じています。

木は、はじめは樹木として生長し、そしてその後、木材として人間に利用されます。その有様を、宮大工の西岡常一棟梁は、このように美しく表現しました。「木には二つの命がある」と。ここでは、私は木質科学研究者として、樹木としてのひとつめの命も木材の特性として視野に入れながら、ふたつめの命、木材の材料寿命に注目しています。

木材も、他の材料と同じように、時間の経過とともに、物理的化学的な変化を生じますが、その劣化は、要因によって大きく三つに分類することができます。[注2] ひとつめが日光や雨によって生じる風化、ふたつめが菌や虫によって生じる生物劣化、そして三つめが「経年変化(老化)」です。今、私は、この経年変化(老化)に注目して研究を行っています。日光や風雨にさらされず、虫などの被害にも遇うことのない木彫文化財も、確実に時間によって変化しており、この経年変化を理解することは、仏像の修復などの場面においても非常に重要であると考えられるからです。

図1は古材の老化に関する先駆者、小原二郎博士の研究によるものです。これは社寺仏閣から提供されたヒノキ材を用いた実験結果で、縦軸が曲げ強度、横軸が経過年数を示しています。大変興味深い結果で、多くの分野でも引用されていますのでご存知の方も多いかと思います。この結果に基づいて、木材の強度

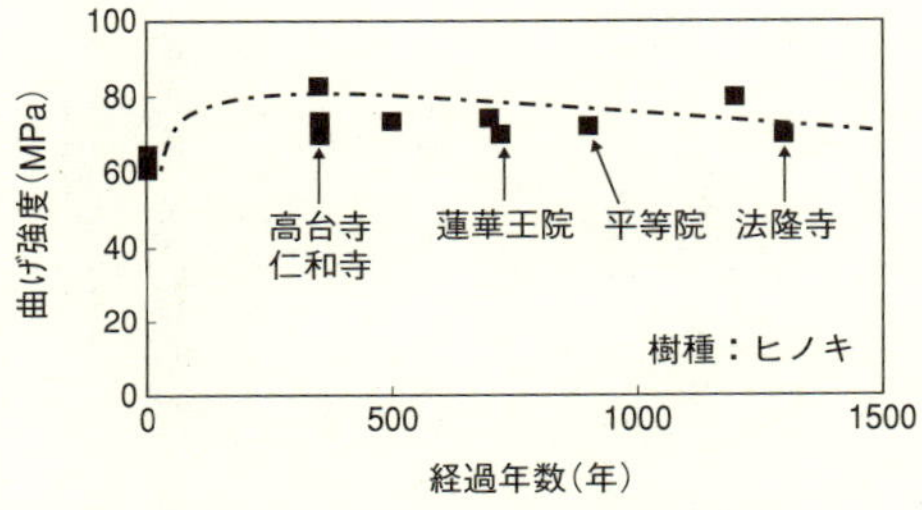

図１　ヒノキの経年変化（小原二郎　1958）

は、新材から三百年程度までいったん上昇し、その後緩やかに低下すると言われています。

しかしながら、経年変化を考えるにあたり、ここで、いくつかの疑問が提されています。

ひとつには、一つ一つの実験結果が、経年変化以外の要因を含んでいるのではないか、ということです。木材は、同じ樹種でも樹齢や産地によって性質が異なることもあります。置かれていた環境の違いも考えられます。経年による変化だけを、この結果から分離することはきわめて困難です。

また、試験体数をもっと多くし、統計処理する必要があるのではないか、ということも指摘されているところです。もし、木材が何万年もの耐久性を持っていた場合、この変動幅は誤差範囲に含まれると考えることもできるからです。

この問題を解決するためには、本来であれば、現生材に生じる変化を実時間で検証することができれば望ましいのですが、残念ながら、私たち人間よりも、木材のほうが何百年、何千年、あるいはずっと長生きです。そこで、経年変化は、長年空気に晒されることで生じる変化であると考え、老化は常温で生じる緩やかな酸化反応であると仮定しました。そして、この酸化反応について、温度—時間換算則の考え方を適用することにより、熱処理によって老化を促進しました。生育期間と伐採年代の明らかな現生のヒノキ

材を用いて、実験室のオーブンに入れる時間の長さを変えることで熱処理の程度が異なる試料を調整し、そして、これらの人為的促進老化処理材を用いて、経年によって生じる変化について検討を行ないました。

図2に促進老化処理した試料の外観を示しています。百八十度の熱処理で、それぞれの試料の処理時間は、〇時間から百二十時間まで行いました。（処理時間は写真の中に示しています。）これを見ると、処理時間が長くなるに従って、つまり、劣化するに従って、材料の色が濃くなっていく色の変化の推移がお分かりいただけるでしょう。これらの試料を用いて、色をはじめ、強度などの変化について検討することによって、経年変化について考えることにしました。

仏師の言葉に学ぶこと

経年変化を検討するにあたり、新しい木材や年代を経た古材など様々な木材を常時用いている仏師の経

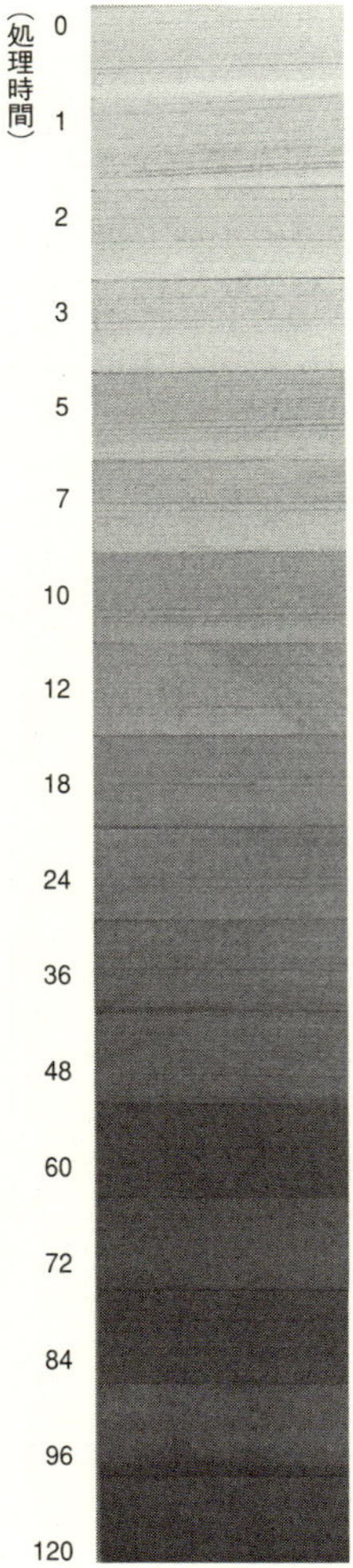

図2　180℃で処理したヒノキの材色の経時変化

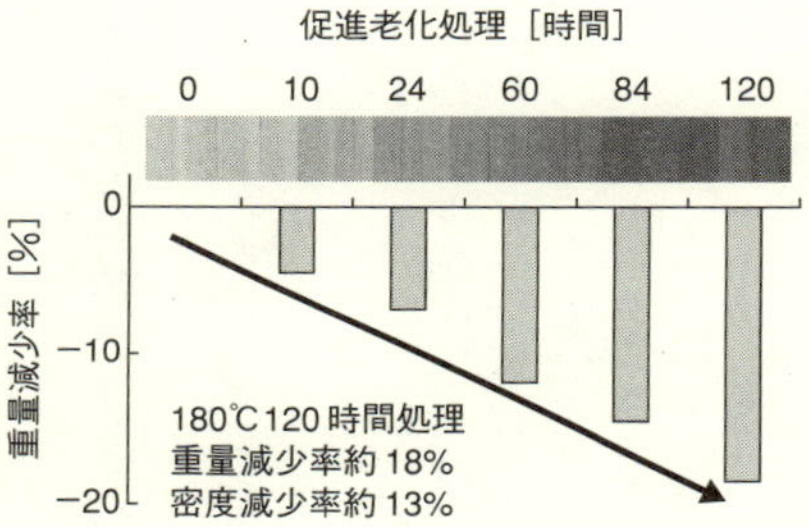

図3　新材は重く、古材は軽い。木材の促進老化処理にともなう重量減少率の変化

験が実験のヒントになると考えました。木彫文化財の修理において、当初材〔オリジナル部分〕と後補材〔新材〕は同一樹種でも性質が異なることはよく知られています。両者の違いはいったいどのようなものなのか、仏師の経験による言葉から、新材と古材についてを客観的な指標で理解するため、木材科学の視点である物性値で表現することを試みました。そして、実際の古材の代わりに、この促進老化処理した試料を用いて実験し、経年変化の指標を見出すことにつなげてゆきたいと考えました。では、いくつかの物性を例に挙げますのでご覧ください。

仏師曰く「新材は重く、古材は軽い（図3）」

つまり、木材の経年変化は重量減少として現れるということです。グラフの横軸が促進老化処理時間、縦軸が重量減少率、つまり、処理によってどの程度重量が減少したかという割合を示しています。

促進老化処理によって重量は減少し、百八十℃百二十時間処理で約二割重量が減ったことを示しています。

仏師曰く「新材は粘るが、古材はさくい（図４）」

つまり、経年変化は木材の割れ方の違いに現れるということです。そこで、力学試験、三点曲げ試験を行い、材料が破壊されるまでのエネルギーで評価しました。

グラフの横軸が促進老化処理時間、縦軸が破壊までに必要としたエネルギーです。促進老化処理によって破壊エネルギーが小さくなること、すなわち、非常にわずかな時間で壊れやすくなることを示しています。図４の下に示したのが、その破壊形態です。無処理材は折れてはいますが、完全には破断していません。処理時間が長くなるにつれて、完全に破断されていく様子がお分かりいただけるかと思います。

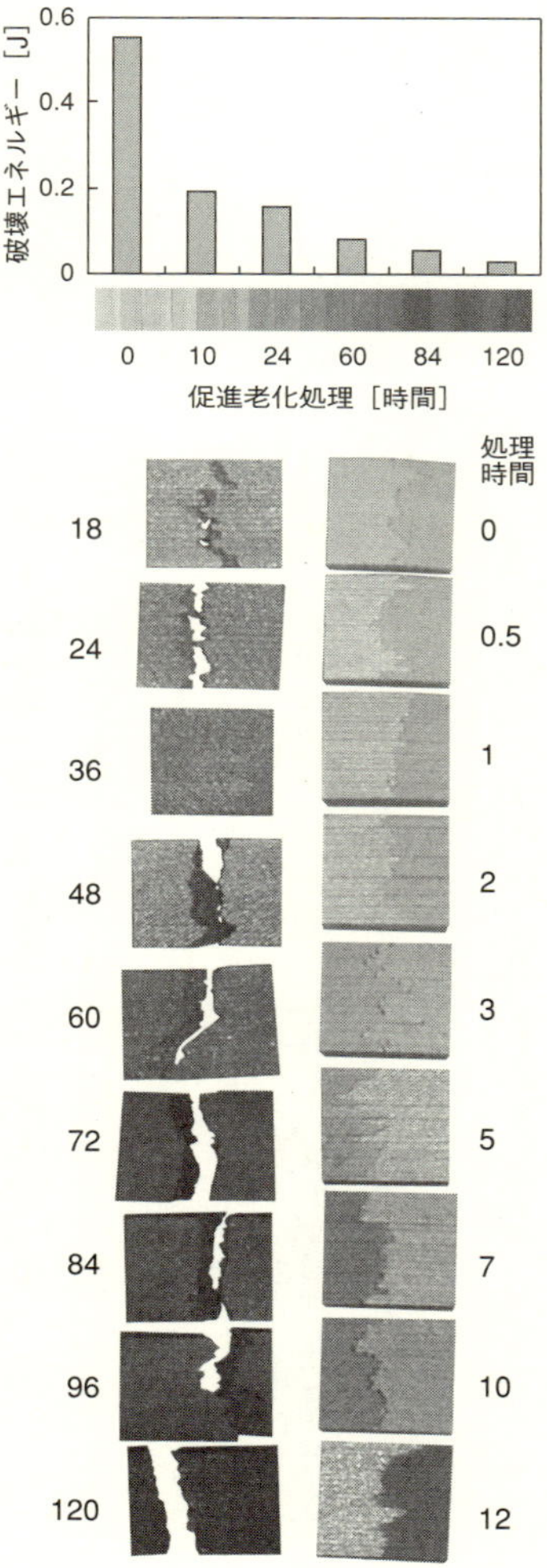

図４　新材は粘るが、古材はさくい。促進老化処理にともなう破壊エネルギーの変化

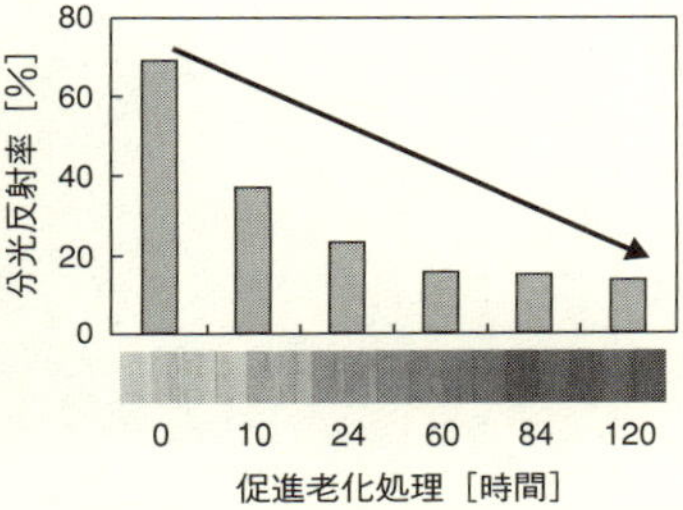

図5　促進老化処理にともなう分光反射率（光沢）の変化。新材は明るいが、古材は暗い

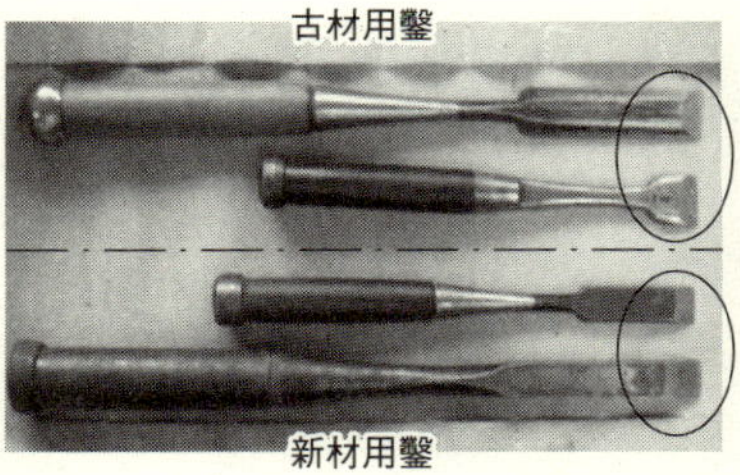

図6　新材用鑿の刃先角は大きいが、古材用の刃先角は小さい

仏師曰く「新材は明るいが、古材は暗い（図5）」

色を表す方法はいくつかありますが、ここでは分光反射率で明るさを評価することを考えました。

縦軸が分光反射率、横軸が促進老化処理時間です。

処理時間が長くなるにつれて、反射率は次第に小さくなり、明るい色から暗い色に変化する様子が示されました。

仏師曰く「新材用の鑿の刃先角は大きく、古材用の刃先角は小さい」

仏師の個人差もあると思われますが、ここに示した新材用の鑿の刃先角はおよそ三十度、古材用の刃先角はおよそ二十三度でした（図6）。

そして、また実際に作業するとき、刃物を木材に当てる角度も異なっており、新材では刃物を立て気味に使う、古材では刃物を寝かせて使うと言われています。

そこで、鑿と角度を一定にして、切削抵抗を測定してみました。

縦軸が切削抵抗、横軸が促進老化処理時間です（図7）。処理時間が長くなるにつれて、切削抵抗が小さくなることが示されました。その

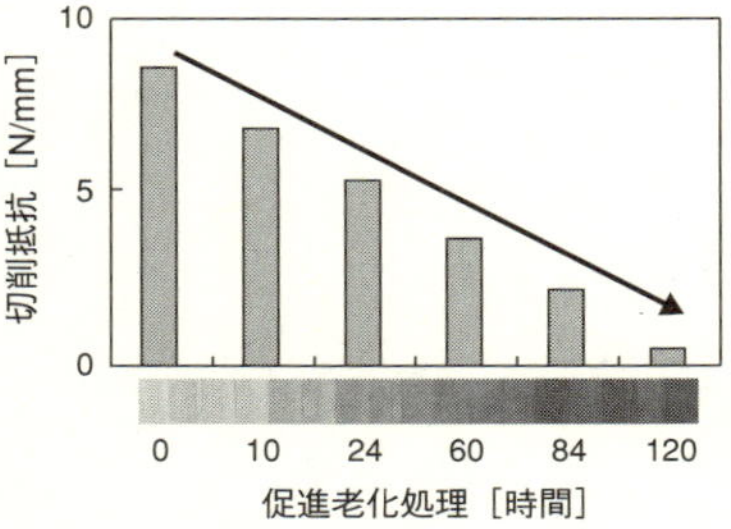

図７　促進老化処理にともなう切削抵抗の変化

図８　促進老化処理にともなう切りくずの変化

ときの切りくずを図8に示しています。

無処理の木材の切りくずはしなやかに綺麗に巻いていますが、処理をすることによって、折れ曲がり、更に、ぼろぼろに崩れて形状をとどめない様子がご覧いただけるかと思います。仏像などの修復では、このように劣化した古い木材を扱うため、切削加工はきわめて困難であることが理解されます。

このように、仏師らの経験知は、木質科学の実験手法によって、客観的な指標として示すことができることが分かりました。次なる課題は、年代など出自の明らかな古材試料を入手し、これまで検討してきた促進老化処理試料と実際の古材の対応を明確にすることです。

図 9　修理前（大窪寺、香川県；矢野建一郎氏提供）

図 10　修理後（大窪寺、香川県；矢野建一郎氏提供）

図 11　促進老化処理を施した螺髪の外観

ところで、この促進老化処理材ですが、基礎実験に使われただけではありません。実際の修復にも応用されました。図9と10は、四国八十八ヶ所の大窪寺の薬師如来の矢野健一郎先生（東京芸術大学）による修復事例です。八世紀末から九世紀初頭の木彫像で、全体はカヤの一木造ですが、螺髪はヒノキです。修復の際、螺髪の欠損部に促進老化処理を施した木材が使用されました。図11に促進老化処理を施した羅髪の外観を示していますす。促進老化処理によって古色を帯びた状態になっています。新材は加工もしやすく意のままに造形可能ですので、新材に意匠を施し

た後、促進老化処理を施しました。修復に新材を用いる場合の問題点として、新材と古材の色の違いのほか、湿度に対する寸法変化の違いによって新材古材の界面に応力が発生し破断が生じることがあります。しかし、促進老化処理材を用いることによって、当初材〔オリジナル部分〕への負荷を低減することができ、そのような問題は生じにくくなると考えられます。

身近で遠かった「古材」

わが国、とくに京都・奈良では、古材を珍重する伝統文化があります。たとえば、社寺仏閣の一部として使われていた古材からなる、茶道の風炉先や炉縁、香合あるいは念珠などは、縁ある人々によって世代を超えて大切にされています。

研究者の目でそれらを眺めると、念珠のひとつの玉の大きさがあれば熱分析ができ、香合の大きさがあれば化学分析が、釜敷きほどもあれば十分に力学試験ができるのです。けれども、研究用試料とするには、所有者の方から研究試料にすることへの同意が得られて、さらには材料の使用年代などの由来が明らかで実験結果の公表が可能であるという条件が必要になります。

そこで、現在、文化財所有者や修理工事に関わる多くの関係者の方のご理解とご協力の下、文化財建造物の解体修理現場からでる建築古材を貴重な価値をもつ研究試料として保存・管理する仕事に取り組んでいます。建築部材の年代判定は難しく、いくつかの判定方法から総合的に判断する必要があることが経験的に知られていますが、国庫補助事業等の文化財建造物修理においては、解体時にさまざまな調査が行わ

図12　材鑑調査室の古建築材コレクション（京都大学生存圏研究所所蔵）
左：法隆寺心柱と小原コレクション　右：文化財指定建造物由来古材コレクション

れており、必要とする古材の入手先としてふさわしいと思われます。これまで、古材の収集に関しては、古建築材の系統だった収集活動は行われておりませんでしたが、建造物の解体修理は、創建時、修理時期を含む古材試料が入手できる千載一遇のチャンスです。

先に紹介した小原二郎博士の古材コレクション二百八点も、二〇〇五年十月の生存圏シンポジウム木の文化と科学Ⅱ「歴史的建造物を探る」を機に材鑑調査室にご寄贈いただきました（図12）。

建造物解体修理現場と古材の収集

現在、文化財建造物修理現場から多数の古材の提供を受けています。ここでは、大徳寺の塔頭寺院である玉林院本堂を例にご紹介させていただきます（図13）。

現在国指定（重要文化財）を受けている玉林院で

図 13　大徳寺 玉林院本堂の修復現場（京都府文化財保護課提供）

は、所有者から事業の委託を受け、玉林院本堂及び附玄関の保存修理事業として、京都府教育委員会が平成十五年一月から五カ年計画で修理工事をおこなわれています。そして、京都府文化財保護課そして玉林院住職森幹盛氏のご理解とご協力によって、玉林院本堂に使用されていた野小舞をはじめとした取り替え部材の提供を受けています。

　玉林院は慶長八年（一六〇三年）に開院されたのち、わずか六年後に火災により消失しましたが、寺蔵の元和七年（一六二一年）の年紀のある「再興作事入目覚」（附指定）に、再建工事が最終段階にあることが記されています。再建後現在に至るまでの三百八十年あまりの歴史における修理や建築形態の変遷は、このような寺蔵の文書や古図によって知ることができ、[注4]提供を受けた古材試料も、このような文献や修理技術者の

加工痕跡などによる判断に基づき、使用年代が明らかにされています。

そのほか、京都府の萬福寺松隠堂、知恩院集会堂、西本願寺大師堂（創建時期の文化、修理期の寛永）同志社クラーク館（レンガ造りですが、小屋組みがマツ材）、清水寺、また、奈良県の唐招提寺や和歌山県の旧中筋家住宅、兵庫県の一乗寺、三重県の専修寺など、現在の修理工事のタイミングを逃しては得ることのできない貴重な古建築材料を、関係者のご協力を頂いて収集し、今日に至っています。収集した古材は、光学顕微鏡による組織観察によって樹種同定した後、使用された時代や建物・部材名などの文化財建造物修理における調査結果とともにデータベース構築の準備をしています。

そして、年輪年代や放射性炭素年代などの年代測定、色や強度などの物性・化学成分など様々な実験結果から木材の老化解明に向けて研究活動を行っています。二〇〇六年十二月の生存圏シンポジウム木の文化と科学Ⅵ「歴史的建造物の古材を観る」では、建築史、年輪年代学、放射性炭素年代、木材の物理特性・化学特性など、それぞれの専門分野の立場から研究発表を行い、文理の枠組みを超えた学際的かつ萌芽的な研究の今後の展望について、パネル討論会をも行いました。

仏師や宮大工、修理技術者の経験。文書や古図などの史資料に基づく人文科学。木質科学をはじめとする自然科学。様々な視点と手法を融合することによって、木材の経年変化のものさしを作り、将来的には、木材の耐用年数を予測することにつなぎ、多くの関係者の方にこの成果を還元したいと考えております。

古材の物語

京都大学生存圏研究所材鑑調査室は、木本植物の種の多様性の保存を目的とした、いわば「木の図書館」です。小さな建物ですが、現生材標本約一万六千点、永久プレパラート約一万点を有し(二〇〇六年現在)、国際木材標本室総覧に略号KYOwとして登録されています。そして世界に誇る法隆寺の心柱も展示されています。

そんな材鑑調査室の一角に古材のコレクションを行っています。文化財建造物の解体修理工事の現場から提供を受けた古材を持ち帰り、調査室に運び込みます。写真撮影をして、全体の寸法を計測し、樹種同定のための組織観察用の小さな試験片を切り出します。そんな夕暮れ時の調査室の机の上で、「まだまだ沢山の話がありますよ」と卓上の古材が語りかけてくるように感じるときがあります。

建物の一部になってしまえば、壁側で見えない場にも、表側と同じく美しい意匠がある古材。壁つきを良くするためだけではない、見えないところの仕事は何故なのでしょう。

柿《こけら》から飛び出して見える竹釘のわずかに違う焼き色は、盆と正月しか休みがなかった職人さんたちの、夜なべ作業のさまざまな物思いを告げるようです。

屋根を覆う野小舞のひとつひとつの中央に鉋掛けの窪み。水はけを良くするための丹念な仕事こそ、末長くお寺を守るための祈りそのものだと教えられます。

大きな建物の柱になってしまえば全く見えない柱の根元には、川上から運搬した筏組みの加工痕。柱表

面のたおやかな仕上がりと対照的な荒々しい鑿痕に、幾多の人々の手を渡ってきた力強さを感じます。

ひとつひとつの古材を手に取り、建物の修理工事で取り替えられてここにあるからこそ聞こえてくる幾つもの物語に耳を澄ますとき、それは、今に至るまでの多くの関係者の方への感謝と畏敬の念がしみじみと感じられるひとときです。

試料収集のとある帰り際、手伝ってくださった若い宮大工さんに、「ありがとう」といわれて、とても驚きました。「あなたは古材を集めているのではなくて、僕たちの代わりに、僕たちの思いも拾ってくれているんです」。

木質科学者としては、木材の材料寿命を解明することが私の仕事です。でも、そのとき、古材に託された願いへの思いも心の中に生まれました。

わが身の一部として建物を代々守り継いでこられたお寺の御住職をはじめ文化財所有者の方々、修理工事に携わる研究者や技術者そして職人さん達、多くの方の絆の架け橋を渡って、古建築材を収集させていただいています。時代を超えてさまざまな思いを支え、祈りを形にしてきた、ほかならぬ木材こそが、彼らのそれぞれの物語を未来に向けて託されている手紙であり使者なのでしょう。現在も荘厳な姿をとどめる建造物だけではなく、ひとつひとつの小さな古材にも、その言葉の片鱗は深く刻まれています。木材という、古来より私たちにとって身近でありながら、今なお未知なるものを秘めた材料。西岡常一棟梁の言葉を借りるなら、「木には三つの命がある」と私は考えます。樹木の時間と人との時間、そして、その両方の歴史について学問を通じて未来に伝える時間。私は、ここに在る古材という木の三つめの命をお預かり

し、学究の対象とできることに喜びと誇りを持って、これからも研究活動を続けて行きたいと思っています。今は幼い三人の息子たちが健やかに成人し、やがてその次なる世代をも、木の文化が静かに暖かく守り続けてくれることを願いながら。

多くの心あるご支援に改めて心よりお礼申し上げます。これからも、皆様のご理解とご協力を賜りますよう宜しくお願いいたします。これからも「古材の言葉」に耳を澄まし、その物語を紐解き、共に紡いでくださる方々とのお出会いを心待ちにしています。

●注および参考文献

注1　二〇〇四年現在、世界文化遺産指定建造物のあとひとつは、日光の社寺（文化遺産・登録一九九九年）。
注3　梶田茂編　木材工学　二・五　木材の老化　三百十一〜三百二十八。
注4　古材に関する研究　小原二郎　千葉大学工学部報告　第九巻十五号（一九五八）
注5　修理報告金剛山寺の二天像　平成十五年三月　編集奈良県教育委員会文化財保護課発行金剛山寺
注6　参考文献：平成十七年度　文化財建造物保存事業主任技術者研究会テキスト。六十七〜七十六頁、玉林院本堂の復原についての考え方　森田卓郎

おわりに

本書の表題「木の文化と科学」は〝はじめに〟にも少し触れましたが、筆者が京都大学生存圏研究所に在職中に、木の文化の研究の重要性に鑑みて、これに関連します研究の人文科学ならびに自然科学的なアプローチについて、さまざまな研究者の研究成果をわかりやすくお話しいただき、同時に互いの情報交換を行うことを意図して、「木の文化と科学」という題名で一連のシンポジウムを企画し、開催して参りました。幸いにも、筆者が研究所を退いて以降もこのシンポジウムは継続されており、二〇〇八年二月現在で、末尾の資料に示されていますように七回を数えるに至っています。第一回は二〇〇五年二月に、〝自然科学と人文科学の接点を探る〟という副題で開催しました。そのときの演者の皆さんの講演内容が筆者にはとても新鮮で、しかも中味が濃いものでしたので深く印象に残っていました。そんなわけで、あえて演者の皆さんに講演内容を基本にして、加筆していただき書籍として出版・公表しようということになりました。編集を終えた今となっては、表題をカバーするのに内容が片寄っていないかどうか、いささか気がかりではありますが、一度だけの出版で片付けられるほどの狭い対象ではなく、年々新たな研究が発展し、あるいは新たな研究の展開が予想されますので、「木の文化と科学」の研究の今後の発展に大いに期待したいと考えています。

諸般の事情で出版が長引いてしまいましたが、この間、仏像彫刻その他多くの写真の掲載許可の手続きその他辛抱強く出版物として体裁を整えるのにご尽力いただいた海青社の宮内さん（ならびに福井さん）にはこの場を借りて厚くお礼申し上げます。また、「木の文化と科学」のシンポジウムの構想は、筆者が長年在籍した京都大学生存圏研究所時代に生まれたものであり、この機会に、所長をはじめお世話になった同研究所のすべての構成員の方々に厚くお礼申し上げます。

［資料］シンポジウム「木の文化と科学」の演者と演題のまとめ

第1回　自然科学と人文科学の接点を探る　（京都大学生存圏研究所　木質ホール　平成十七年二月二十四日）

木製品と遺跡

原始・古代における森林資源利用システム——山田昌久（東京都立大学人文学部）

遺跡出土材に見る針葉樹材利用の歴史——鈴木三男（東北大学理学部附属植物園）

木の肌ざわり——綾部　之（伝統工芸士：京都木工芸（協））

仏像の木

日本の木彫像の樹種と用材観——金子啓明（東京国立博物館）

中国由来の仏像彫刻の樹種同定——Mechtild《メヒティル》 MERTZ《メルツ》（京都大学生存圏研究所）

御衣木について——江里康慧（平安仏所　仏師）

日本の木彫像の造像技法——根立研介（京都大学美学美術史学研究室）

古建築の木

視点の転換―塗装技法研究からみた日本建築の姿――窪寺　茂（奈良文化財研究所）

木のいのち、木のこころ――小川三夫（宮大工）

木材の経年変化の解明への試み――横山　操（京都大学生存圏研究所）

第2回　歴史的建造物を探る　（京都大学生存圏研究所　木質ホール　平成十七年十月五日）

伝統木造建築のからくり――木林長仁（竹中工務店設計本部　部長）

建築史からみる木の文化――鈴木嘉吉（仏教美術協会　理事長）

木の文化研究事始め――小原二郎（千葉工業大学　常任理事）

京都大学生存圏研究所材鑑調査室見学

第3回　中国と日本における人と木　（京都大学百周年時計台記念館2階　平成十七年十一月二十一日）

Ethnobotany, an evolving field: the case of trees in China and Japan

民族植物学の歴史と発展：中国と日本の樹木に関連して

Georges Métailié

Alexandre Koyré Center（アレクサンドル・コレイ・センター）

National Center for Scientific Research（CNRS）

National Museum for Natural History, Paris（パリ自然史博物館）

第4回　古代エジプトとヨーロッパにおける木の文化

（京都大学生存圏研究所　木質ホール　平成十七年十二月十二日）

Wood in the history of techniques in France and in Europe : restitution of some know-how

Cathérine Lavier　(Dendrochronologist and Historian, Research and Restoration Center of the Museums of France)

Trade and wood selection in Ancient Egyptian civilization

Victoria Asensi　(Wood anatomist and Egyptologist, Xylodata Ltd./ Pierre et Marie Curie University)

第5回　先人に学ぶ木の利用　（京都大学百周年時計台記念館2階　平成十八年二月十一～十二日）

二月十一日　遺跡の木材を総合学で研究する

木の文化と遺跡の木材——伊東隆夫（京都大学生存圏研究所）

木製品と木造施設——山田昌久（首都大学東京）

遺跡出土木材の年輪から年代を読む——光谷拓実（奈良文化財研究所）

森林植生と木材利用——能城修一（森林総合研究所）

森林生態と民俗植物学——湯本貴和（総合地球環境学研究所）

出土木材の保存技術――中川正人（滋賀県文化財保護協会）

二月十二日　考古学から分かった木の利用史

縄文時代の木の利用：福井県鳥浜貝塚――網谷克彦（敦賀短期大学）

弥生時代の木の利用：岡山県南方遺跡――扇崎　由（岡山市教育委員会）

古墳時代の木の利用：木製威儀具の時代――鈴木裕明（橿原考古学研究所）

古代の木の利用：兵庫県袴狭遺跡を中心に――藤田　淳（兵庫県教育委員会）

中世から近世へ：愛知県における井戸材――鈴木正貴（愛知県埋蔵文化財センター）

総合討論

第6回　歴史的建造物の古材を観る　（京都大学百周年時計台記念館2階　平成十八年十二月二〇日）

セッション1　講演会

文化財建造物修理事業における年代特定――浜島正士（別府大学教授・建造物保存技術協会理事長）

C14ウイグルマッチ法による年代特定――今村峯雄（歴史民俗博物館教授）

年輪年代による年代特定――光谷拓実（奈良文化財研究所　年代学研究室室長）

古材と促進劣化処理材の物性――横山 操（京都大学生存圏研究所ミッション専攻研究員）

促進劣化処理材の化学特性――栗本康司（秋田県立大学木材高度加工研究所助教授）

セッション2　パネルディスカッション

伊東隆夫　京都大学名誉教授
今村峯雄　歴史民俗博物館教授
窪寺　茂　奈良文化財研究所　建造物研究室室長
杉山淳司　京都大学生存圏研究所教授
栗本康司　秋田県立大学木材高度加工研究所助教授
浜島正士　別府大学教授・建造物保存技術協会理事長
光谷拓実　奈良文化財研究所　年代学研究室室長
コーディネーター：川井秀一　生存圏研究所所長

第7回　年輪から分かること　（京都大学医学部　芝蘭会館　山内ホール　平成二十年二月六日）
年輪と向き合って二八年——光谷拓実（奈良文化財研究所）
年輪のＣ14から歴史を探る——今村峯雄（国立歴史民俗博物館）

● 著者紹介

伊東隆夫（ITOH Takao）第1章
京都大学名誉教授
南京林業大学（中国）特別招聘教授

山田昌久（YAMADA Masahisa）第2章
首都大学東京大学院人文科学研究科
教授

鈴木三男（SUZUKI Mitsuo）第3章
東北大学学術資源研究公開センター
教授（同センター長、植物園園長）

綾部　之（AYABE Yuki）第4章
京都木工芸（協）副理事長
京木地師

金子啓明（KANEKO Hiroaki）第5章
東京国立博物館特任研究員・前副館長

Mechtild Mertz（メヒティル メルツ）第6章
南京林業大学（中国）助教授

江里康慧（ERI Kokei）第7章
平安仏所主宰。仏師
東京芸術大学非常勤講師
龍谷大学客員教授

根立研介（NEDACHI Kensuke）第8章
京都大学大学院文学研究科教授

窪寺　茂（KUBODERA Shigeru）第9章
独立行政法人国立文化財機構
奈良文化財研究所建造物研究室長

小川三夫（OGAWA Mitsuo）第10章
鵤工舎（いかるがこうしゃ）舎主。
宮大工

横山　操（YOKOYAMA Misao）第11章
日本学術振興会特別研究員
（京都大学生存圏研究所）

英文タイトル
Wood Culture and Science

木《き》の文化《ぶんか》と科学《かがく》

発行日 ―――― 2008年4月30日　初版第1刷
定　価 ―――― カバーに表示してあります
編　者 ―――― 伊東隆夫 ©
発行者 ―――― 宮内　久

海青社
Kaiseisha Press
〒520-0112　大津市日吉台2丁目16-4
Tel. (077)577-2677　Fax. (077)577-2688
http://www.kaiseisha-press.ne.jp
郵便振替　01090-1-17991

● ISBN978-4-86099-225-5 C1040

海青社の電子書籍・好評発売中

●日本木材学会創立50周年記念

日本木材学会論文データベース 1955-2004

木材学会誌／Journal of Wood Science

日本木材学会 編

CD-ROM 4 枚、冊子 B 5 判 268 頁、定価 28,000 円（税込）

ISBN978-4-86099-905-6

Windows & MacOS

◆木材学会の研究成果のすべてを座右に置く◆

・木材学会誌に発表された 50 年間の論文を PDF ファイルで収録！
・35,414 頁、収録論文 5,515 本を 4 枚の CD-ROM に収録！
・充実した検索機能で様々な論文検索が可能！

● 論文データベースの内容

・学会誌に掲載された論文タイトル・著者名・巻・号・掲載ページ・刊行年・キーワード・概要などから構成。
・和文誌掲載論文は全文を PDF ファイル形式で収録。

● 充実した検索機能

・論文データベースの各項目を全文検索できます。
・複数項目にわたる範囲検索もできます。
・日本語でも英語でも検索が可能です。

● 見やすい検索結果表示

・検索結果表示を「概要あり」「概要なし」「データカード」の 3 種類から選択できます。
・結果一覧に文献引用（英文用・和文用）情報を表示。

※針葉樹材の識別　IAWAによる光学顕微鏡的特徴リスト

IAWA委員会編／伊東・藤井・佐野・安部・内海 訳

〔ISBN978-4-86099-908-7／PDF 版・86 頁・1,840 円〕

IAWA の“Hardwood List”と対を成す待望の書。現生木材、考古学的木質遺物、化石木材の樹種同定等に携わる人にとって、本書は『広葉樹材の識別』と共に必備の書。124 項目の木材解剖学的特徴リスト（写真 74 枚）。「用語および索引」も充実。原著版は 2004 年刊。PDF 版。

※広葉樹材の識別　IAWAによる光学顕微鏡的特徴リスト

IAWA委員会編／伊東隆夫・藤井智之・佐伯浩 訳

〔ISBN978-4-86099-907-0／PDF 版・144 頁・2,000 円〕

本書は、IAWA（国際木材解剖学者連合、61 カ国）委員会による、広葉樹材の識別を目的とした 163 項目の木材解剖学的特徴とその他の雑多な 58 項目の特徴リストである。木材の識別やその解剖学的記載に携わる人の必携書（写真 180 枚）。PDF 版。

※近代日本の地域形成　歴史地理学からのアプローチ

山根　拓・中西僚太郎 編著

〔ISBN978-4-86099-909-4／PDF 版・262 頁・4,368 円〕

近年、戦後日本の国の在り方を見直す声・動きが活発化してきている。本書は、多元的なアプローチ（農業・景観・温泉・銀行・電力・石油・通勤・運河・商業・都市・植民地など）から近代日本の地域の成立過程を解明する。PDF 版。

CDブック 日本の海浜地形

福本　紘 著

〔ISBN978-4-86099-902-5／CD 1 枚ケース入・5,250 円〕

北海道宗谷岬から沖縄石垣島まで、30 地域・252 調査地点の海浜地形の地形、植生データからその地域的な特徴と環境との関係を地理学的手法で明らかにする。地理学、植物学、海岸工学などの研究者にとって好適の書。

CDブック ハウスクリマ　住居気候を考える

磯田憲生・久保博子・松原斎樹 編

〔ISBN978-4-86099-901-8／CD 1 枚ケース入・7,350 円〕

住居気候研究に関する最高のデータベース。キーワード、執筆者等で検索可能。伝統民家の住居気候／住居気候の建築的調整／冷暖房と住居気候／空気・湿気環境と住居気候／住まい方と省エネルギー対応による住居気候／住居気候の人体影響

＊表示価格は 5％ の消費税を含んでいます。※は直販のみの取扱（CD-R またはダウンロードによる提供）

海青社の本・好評発売中

木材科学講座 1　概　論
阿部　勲・作野友康 編
〔ISBN978-4-906165-59-9／A 5 判・199 頁・1,953 円〕
第 1 章 森林のバイオマス／第 2 節　持続可能資源としての森林バイオマス／第 2 章　森林と地球環境／第 3 章　森林と人間生活／第 4 章　すばらしい天然材料／第 5 章　パルプ・紙と文化／第 6 章　未来資源としての可能性

木材科学講座 2　組織と材質
古野　毅・澤辺　攻 編
〔ISBN978-4-906165-53-7／A 5 判・190 頁・1,937 円〕
第 1 章　樹木と木部形成／第 2 章　木材の概観／第 3 章　針葉樹材の細胞構成／第 4 章　広葉樹材の細胞構成／第 5 章　細胞壁の構造／第 6 章　組織、構造の変動／第 7 章　組織、構造と材質との関連性／第 8 章　異常組織と傷害組織／資料

木材科学講座 3　物　理
高橋　徹・中山義雄 編
〔ISBN978-4-906165-43-8／A 5 判・174 頁・1,937 円〕
第 1 章　木材の構造と形態／第 2 章　木材の物理的性質／第 3 章　木材の力学的性質 I／第 4 章　木材の力学的性質 II／資料　単位変換表等／木材の試験法 (JIS Z 2101-1994)

木材科学講座 4　化　学
城代　進・鮫島一彦 編
〔ISBN978-4-906165-44-5／A 5 判・166 頁・1,835 円〕
序章　木とは何か／第 1 章　木材の化学組成／第 2 章　木材の化学成分／第 3 章　木材利用の化学／第 4 章　木材成分の科学利用

木材科学講座 5　環　境
高橋　徹・鈴木正治・中尾哲也 編
〔ISBN978-4-906165-89-6／A 5 判・162 頁・1,937 円〕
第 1 章　地球環境と木／第 2 章　木と住まいの環境／第 3 章　木と五感／第 4 章　木造建築と生活環境

木材科学講座 6　切削加工
番匠谷薫・奥村正悟・服部順昭・村瀬安英 編
〔ISBN978-4-86099-228-6／A 5 判・188 頁・1,932 円〕
第 1 章　切削機構／第 2 章　木材の被削性／第 3 章　各種切削加工／第 4 章　切削加工の自動化と安全／付　録　1. 木材の切削加工に関連する JIS・2. 単位換算表

木材科学講座 7　乾　燥
未刊

木材科学講座 8　木質資源材料
鈴木正治・徳田迪夫・作野友康 編
〔ISBN978-4-906165-80-3／A 5 判・217 頁・1,995 円〕
第 1 章　木質資源と材質特性／第 2 章　注入および化学修飾による改良／第 3 章　化粧および保存処理／第 4 章　接　着／第 5 章　木質資源材料

木材科学講座 9　木質構造
有馬孝禮・高橋　徹・増田　稔 編
〔ISBN978-4-906165-71-1／A 5 判・303 頁・2,400 円〕
第 1 章　木質構造の種類とその発達／第 2 章　木質構造とその特性／第 3 章　木質構造の設計／第 4 章　環境と木質構造／資料　木質構造住宅関連法

木材科学講座10　バイオマス
未刊

木材科学講座11　バイオテクノロジー
片山義博・桑原正章・林　隆久 編
〔ISBN978-906165-69-8／A 5 判・200 頁・1,995 円〕
第 1 章　樹木バイオテクノロジー／第 2 章　木質成分変換のバイオテクノロジー／第 3 章　キノコの育種

木材科学講座12　保存・耐久性
屋我嗣良・河内進作・今村祐嗣 編
〔ISBN978-4-906165-67-4／A 5 判・223 頁・1,953 円〕
第 1 章　森林の営みと木材保存／第 2 章　住宅の劣化と耐久性向上／第 3 章　木材の腐朽／第 4 章　木材の害虫／第 5 章　木材保存例／第 6 章　保存処理法／第 7 章　木材の熱分解と防火／第 8 章　木材の風化と耐候性／第 9 章　保存処理技術の展開／資料　木材保存の試験法

＊表示価格は 5％ の消費税を含んでいます。